W0039041

BusinessVillage

MONTAGS MUSS ICH IMMER KOTZEN

BusinessVillage

Anja Niekerken
Montags muss ich immer kotzen
Erste Hilfe gegen Arbeitsübelkeit
1. Auflage 2018
© BusinessVillage GmbH, Göttingen

Bestellnummern
ISBN 978-3-86980-429-3 (Druckausgabe)
ISBN 978-3-86980-430-9 (E-Book, PDF)

Direktbezug unter www.BusinessVillage.de/bl/1049

Bezugs- und Verlagsanschrift
BusinessVillage GmbH
Reinhäuser Landstraße 22
37083 Göttingen
Telefon: +49 (0)5 51 20 99-1 00
Fax: +49 (0)5 51 20 99-1 05
E-Mail: info@businessvillage.de
Web: www.businessvillage.de

Autorenfoto
Inga Sommer, www.ingasommer.de

Layout und Satz
Sabine Kempke

Druck und Bindung
www.booksfactory.de

Copyrightvermerk
Das Werk einschließlich aller seiner Teile ist urheberrechtlich geschützt. Jede Verwertung außerhalb der engen Grenzen des Urheberrechtsgesetzes ist ohne Zustimmung des Verlages unzulässig und strafbar.
Das gilt insbesondere für Vervielfältigung, Übersetzung, Mikroverfilmung und die Einspeicherung und Verarbeitung in elektronischen Systemen.
Alle in diesem Buch enthaltenen Angaben, Ergebnisse usw. wurden von dem Autor nach bestem Wissen erstellt. Sie erfolgen ohne jegliche Verpflichtung oder Garantie des Verlages. Er übernimmt deshalb keinerlei Verantwortung und Haftung für etwa vorhandene Unrichtigkeiten.
Die Wiedergabe von Gebrauchsnamen, Handelsnamen, Warenbezeichnungen usw. in diesem Werk berechtigt auch ohne besondere Kennzeichnung nicht zu der Annahme, dass solche Namen im Sinne der Warenzeichen- und Markenschutz-Gesetzgebung als frei zu betrachten wären und daher von jedermann benutzt werden dürfen.

Inhalt

Über die Autorin

 Anja Niekerken ist überzeugte Konst-
ruktivistin und bodenständige Realistin
in einem. Als ehemalige Führungskraft und Geschäftsführerin im Krisen-
management der Finanzdienstleistung
weiß sie, wovon sie spricht und warum
sie Themen wie Führung und Selbstfüh-
rung immer wieder neu denkt. Einfache
Schwarz-Weiß-Lösungen haben dabei
keinen Platz. Das von ihr entwickelte
Natural Leadership Konzept hat seinen
Schwerpunkt auf der Änderung von
Einstellung und Bewusstsein. Ihr Credo: Nur wer sich selbst führen kann,
kann andere mitnehmen.

In ihrer Freizeit ist sie auf dem Pferderücken zu Hause und leidenschaftlich
mit ihren beiden Hunden in Wald und Feld unterwegs. Darüber hinaus ist
sie begeisterte Mutter und praktizierende Ehefrau.

In ihren Vorträgen und Trainings hält sie ihr Publikum und ihre Teilnehmer
immer wieder dazu an, Verantwortung für das eigene Denken zu übernehmen. Anjas Ansätze sind interaktiv, innovativ, spannend und manchmal
unbequem. Genau damit setzt sie nachhaltige Entwicklungsprozesse in
Gang, die noch wirken, wenn andere Denkanstöße schon lange aus dem
Bewusstsein verschwunden sind.

Kontakt
E-Mail: info@anja-niekerken.de
Web: www.anja-niekerken.de

Vorwort

Open your eyes, open your mind
Proud like a god, don't pretend to be blind
Trapped in yourself, break out instead
Beat the machine that works in your head

Guano Apes, deutsche Rockband, aus *Open your eyes*

Wer auf den verschiedenen Social-Media-Plattformen im Internet unterwegs ist, der weiß es längst: Montag ist ein Scheißtag! Egal, wie viele Trainer, Lebenskünstler, Speaker und Arbeitsliebhaber vehement dagegen anpusten: Die Posts, die uns erklären, warum Montag der schlimmste Tag der Woche ist, bekommen die meisten Likes. Und als wäre das noch nicht genug, flöten es selbst die krankhaft gut gelaunten Morgenshow-Moderatoren spätestens ab 5:00 Uhr aus Radio und TV in den Orbit: »Es ist Montag! Zeit, sich schlecht zu fühlen!« Und wer sich morgens an der roten Ampel oder in der U-Bahn mal nach rechts und links umdreht, der weiß, dass mit der These »Beruf kommt von Berufung« irgendetwas nicht stimmen kann. Es sei denn, gefühlt 90 Prozent der Erwerbstätigen haben den falschen Beruf ...

Und während wir vielleicht noch zweifeln, bekommen wir von Facebook, Instagram und über Google AdWords gezeigt, dass es nur an uns liegt, dass wir mit unserem Beruf nicht zufrieden sind. Zufriedene, glückliche und vor allem erfolgreiche Menschen erzählen uns, dass es praktisch nur an uns liegt, wenn wir mit unserem Job nicht herzzerreißend glücklich sind.

Da ist was dran. Jeder ist schließlich seines Glückes Schmied. Und natürlich kann jeder Mensch seinen Job von heute auf morgen hinschmeißen und in einer Hippiekommune Makramee klöppeln. Wenn das alles nur so einfach wäre ... Es gibt nämlich nicht an jeder Ecke Hippiekommunen, die lukrativ Makramee klöppeln.

Wer eine einfache Lösung à la »Finde eine Arbeit, die du liebst, und du musst nicht einen Tag mehr arbeiten« sucht, der wird schnell feststellen, dass es eben nicht so einfach ist. Schon das mit der Liebe ist ja so eine Sache. Mancher findet sie vielleicht gar nicht und wenn sie dann gefunden ist, währt sie dann ewig?

Natürlich soll Arbeit erfüllend sein, keine Frage. Aber wie sinnvoll ist es, tatsächlich den schillernden Werbeillusionen der Beraterindustrie zu folgen und zu hoffen, dass es die eine Tätigkeit gibt, die uns nicht nur glücklich macht, sondern auch noch reich und berühmt?

Gern werden Beispiele von unglaublich erfolgreichen Persönlichkeiten bemüht, die am Anfang möglichst auch einmal so richtig fulminant gescheitert sind. Nur um zu zeigen: »Siehst du, lieber Durchschnittsbrötchenverdiener, es geht eben doch.« Aber machen wir uns nichts vor: Auch das ist Werbung. Genauso wie eine schillernde Kampagne, in der George Clooney Espresso trinkt oder Claudia Schiffer uns erzählt, dass sie ihre Schönheit ausschließlich dem Wassertrinken verdankt. Der Unterschied zu diesen Kampagnen? Dort haben wir die Werbung bereits mehr oder weniger entlarvt. Bei Aussagen über den Sinn und Unsinn unserer Arbeit fällt uns das wesentlich schwerer. Das bedeutet nicht, dass wir in unserer Arbeit keinen Sinn und keine Befriedigung finden können. Mitnichten! Es bedeutet lediglich, dass wir wieder lernen müssen, Werbeaussagen und schillernde Traumbilder von der Realität und dem tatsächlich Machbaren zu unterscheiden. Denn natürlich kann unsere Arbeit uns eine Menge geben, aber nur, wenn wir sie nicht komplett mit Erwartungen überfrachten und aus ihr etwas machen, was sie nicht ist.

Aber was ist Arbeit denn tatsächlich? Und ist sie überhaupt noch zeitgemäß? In einer Gesellschaft, in der jegliches Wissen nur einen Mausklick entfernt ist, wird es nicht einfacher, diese Frage zu beantworten. Im Gegenteil: Es wird schwieriger. Denn auch das einen Mausklick entfernte Wissen stürzt ungefiltert auf uns ein. Was ist echt und was nicht? Was ist

Wirklichkeit und was nicht? Was ist Wissenschaft und was ist Philosophie? Was ist von Konzernen lanciert? Und was dient tatsächlich dem Wohl des Einzelnen? Woran können wir glauben? Wonach sollen wir streben? Und wollen wir das überhaupt? Ist das Glück des einen auch gleichzeitig das Glück des anderen?

In den Industrienationen sind wir inzwischen auf dem Weg von einer Wissens- in eine Sinnsuchergesellschaft. Zum einen, weil Wissen eben unbegrenzt verfügbar ist und wir es uns einfach gesagt auch leisten können. Das ist weder gut noch schlecht, es ist eben, wie es ist: Sinnsuche ist ein Luxusphänomen. Die wenigsten Menschen, die sich Gedanken um die nächste Mahlzeit machen müssen, kommen in die Verlegenheit, auf Sinnsuche zu gehen. Wer aber satt ist und eine sichere Behausung hat, der hat geistige Kapazitäten frei. Und damit kann die Suche starten. Und natürlich suchen wir nichts, was im Überfluss vorhanden ist oder sich sofort offenbart. Wir suchen das Seltene. Wir wollen das, was nicht jeder hat. Aber was passiert, wenn jeder es will und alle danach suchen? Ist es dann immer noch erstrebenswert? Und was wird dann aus den Heilsverkündern der Sinnsucherindustrie?

Mittlerweile ist auch unsere Arbeitswelt von der Sinnsuche durchdrungen. Wer Sinn in seiner Arbeit findet, ist glücklich. Oder nicht? Dabei ist dieses Phänomen gar nicht so neu. Seine Spuren reichen zumindest einmal zurück bis zu Martin Luthers erster Bibelübersetzung aus dem Altgriechischen. Wahrscheinlich sogar noch weiter. Aber dazu später.

Heute steht die Sinnsuche auch unter dem Stern der Leistungsoptimierung. Klar, wer einen Sinn in seinem Tun sieht, der ist selbstverständlich wesentlich motivierter. Und damit entdecken immer mehr Unternehmen den Trend für sich. Wer Leistung will, muss Sinn bieten. Das ist gar nicht so zynisch gemeint, wie es im ersten Moment klingt. Denn wer will heute schon ohne Sinn und Verstand arbeiten?

Von außen betrachtet nimmt die Suche nach der Berufsberufung bisweilen groteske Züge an. Es wird geatmet, sich verbogen und meditiert, um Ruhe vor den eigenen Zweifeln zu haben und um danach das neueste Motivationsmanifest durchzuarbeiten. Immer mit dem Ziel, den Sinn des eigenen Schaffens zu entdecken. Wer nur endlich sein »Warum« klären kann, der kann den richtigen Beruf finden und dem ist ewiges Glück beschieden. Und im besten Falle natürlich auch noch Geld, Ruhm und Prestige. Pragmatisches Zweifeln wäre vielleicht angebrachter. Zweifel an den Versprechungen der Sinnsucherindustrie.

Jim Carrey soll einmal gesagt haben, dass er sich wünsche, dass jeder reich und berühmt werden könnte, damit jeder sehen könnte, dass das eben nicht alles ist. Ironisch, wie ausgerechnet dieser Jim Carrey auf der anderen Seite als leuchtendes Vorbild gilt: »Wenn du tust, was du liebst ...« und so weiter.

Aber das ist es doch, oder? Jim Carrey liebt seinen Job und ist deshalb so erfolgreich und doch wohl glücklich. Oder nicht?

Wie so oft im Leben ist an beiden Seiten etwas dran. Natürlich ist es erfüllend, einer Berufung zu folgen. Es kann allerdings auch genauso erfüllend sein, einem Job nachzugehen und nach Feierabend seinem Herzen Raum zu geben. Das eine ist nicht besser als das andere. Aber wir lassen uns weismachen, es wäre so. Beides hat seine Berechtigung und ist, solange wir nicht mit unserer Wahl hadern, erfüllend.

Mir persönlich gefällt eine Mischung aus beidem am besten! Warum nicht nach den Sternen greifen? Ein sinnvoller Job und ein erfüllender Feierabend – das ist die Mischung, aus der meine Träume sind. Allerdings ist mir dabei eines völlig klar: Auch der tollste, sinnvollste Job hat Schattenseiten. Genauso wie die Freizeit. Die Kunst ist es, die Sonnenseiten wertzuschätzen und der dunklen Seite der Macht nicht zu viel Raum zu bieten.

1.
Gar nicht so übel!
Was Arbeit alles kann ...

One step closer and feeling fine
Getting better one day at a time
I'm moving forward it's all in my mind
I'm heading talk with a new stay to mine

Gossip, englische Disco-/Rockband, aus Move in the right direction

Bevor wir überhaupt mit einer ersten Hilfe gegen Arbeitsübelkeit starten können, brauchen wir Wissen. Denn unser Wissen verhindert auch, dass wir bei einem Schnupfen den linken Arm schienen oder bei einer Mittelohrentzündung Sitzbäder machen. Da es sich bei der Montagsübelkeit im ersten Schritt um ein gedankliches Problem handelt, ist es meiner Ansicht nach mehr als sinnvoll, sich über die eigene Gedankenwelt Gedanken zu machen.

Was denke ich überhaupt über meine Arbeit? Und welche unbewussten Mechanismen bereiten mir Übelkeit, die mir so gar nicht klar sind? Wer auf diese Fragen Antworten hat, der hat schon seine eigenen Erste-Hilfe-Maßnahmen gefunden und kann sie nutzen. Denn wie bei allen Problemen, die in unserem eigenen Kopf beginnen, kann auch dieses jeder nur selbst in seinem eigenen Kopf lösen.

Bereit? Na dann wollen wir mal! ;)
Stell dir vor, du sitzt an einem Strand. Du hörst, wie die Wellen sanft und regelmäßig auf den Sand rollen. Ein warmer Wind streicht dir über das Gesicht und du spürst, wie die Sonne deinen Rücken wärmt. Angenehm, oder? Klar. Das sind auch alles angenehme Worte: Sonne, Strand, Meer, Wärme. Worte, mit denen wir positive Vorstellungen verbinden. Niemand denkt bei diesen Worten an seinen ersten Sonnenbrand auf dem Rücken, der so schlimm war, dass die Haut Blasen geworfen hat und Nachtruhe auf dem Rücken unmöglich war. Und es denkt auch niemand daran, wie ätzend Salzwasser in der Nase brennt, wenn man es blöd einatmet, oder wie es in den Augen schmerzt, wenn man dämlicherweise versucht hat, mit offenen Augen zu tauchen ...

Was hat das jetzt alles mit dem Thema »Arbeit« zu tun? Theoretisch könnten wir über Arbeit genauso positiv wie über den Urlaub denken … Die Frage ist nur, welche Assoziationen wir zuerst im Kopf haben.

Ist es die erfüllende Aufgabe, der wir nachgehen? Sind es die Flow-Erlebnisse, die uns Zeit und Raum um uns herum vergessen lassen? Der nette Schnack mit dem Kollegen auf dem Flur? Nette Menschen, die wir ohne Arbeit gar nicht kennenlernen würden?

Warum denken wir nicht so? Gehen wir zunächst ein Stück in unserer Geschichte zurück. Zu Martin Luther. Luthers Vermächtnis war nicht nur eine reformierte Kirche. Ihm haben wir auch eine der ersten Bibelübersetzungen zu verdanken. So weit, so gut. Was hat das jetzt mit unserer Arbeit zu tun? Sehr viel, denn Luther hat den modernen Begriff »Beruf« geprägt. Seine These: Beruf kommt von Berufung. Und vor allem: Es gibt einen Beruf. Das war zum Ende des Mittelalters überhaupt nicht selbstverständlich. Leibeigenschaft war vollkommen normal, in vielen Ländern sogar Sklaverei. Und abgesehen von den geistlich Berufenen gab es die Idee der Selbstverwirklichung und vom Folgen einer inneren Stimme nicht.

Margot Käßmann, Botschafterin des Rates der EKD für das Reformationsjubiläum 2017, schreibt dazu in der Einleitung des Themenheftes: »… Martin Luthers These aber, dass der Beruf in der Welt die Berufung des Menschen ist, war zu seiner Zeit eine Befreiung. Bis dahin galt allein das zölibatäre Leben im Kloster als gutes Leben vor Gott. Der Reformator machte deutlich: Jeder Mensch hat eine Gabe, damit eine Begabung. Diese einzubringen für das Gemeinwohl, meint verantwortlich leben vor Gott. Dabei ist die Magd, die den Besen schwingt, nicht weniger wert als der Fürst, der das Land regiert.« (Käßmann 2017)

Ist das nun gut oder eher nicht? Zu Luthers Zeit hatte die Idee der Gleichstellung der Menschen vor Gott durchaus etwas Beflügelndes. Aber gilt das heute noch? Abgesehen davon gibt es nicht mehr so viele Menschen, die

die Kirche als vordenkende Instanz wahrnehmen, geschweige denn akzeptieren.

Ob gut oder schlecht, ist in unserem Zusammenhang zunächst auch nicht die Frage. Wichtig ist, dass uns klar wird, woher die Idee stammt, dass Beruf eigentlich von Berufung kommt, und warum sie in unseren Köpfen so fest verankert ist. Wir sind so sozialisiert. Und von unserer Sozialisation können wir uns nur bedingt freimachen. Erst dann, wenn wir uns über unsere Sozialisation bewusst werden. Freiheit braucht Bewusstsein. Bewusstsein ist immer der erste Schritt.

[1] Berufung – Arbeitest du noch oder liebst du schon?

Wenn man's genau nimmt, geht's dir gut
Und du liebst doch, was du tust
Du erwartest viel zu viel
Denn der Weg ist das Ziel
Und alles bekommt man nie
Und jeder fragt sich, wie man reich, berühmt und schön wird

Gregor Meyle, deutscher Singer/Songwriter, aus *Hier spricht dein Herz*

Beruf oder Berufung? Oder beides gleichzeitig? Woher kommt eigentlich die Trennung? Warum sprechen wir von einer Work-Life-Balance? Ist das Leben an sich überhaupt teilbar? Um uns den Antworten auf diese Fragen zu nähern, hilft es, in der Geschichte eine ganze Weile zurückzureisen. Wie wäre es mit rund zwanzigtausend Jahren? In der Dordogne liegt die berühmte Höhle von Lascaux, die auch als Sixtinische Kapelle der Steinzeit bekannt ist. In verschiedenen Höhlengewölben sind verschiedene Tier- und Jagdszenen mit bemerkenswerter Kunstfertigkeit abgebildet. Pferde, Stiere, Hirsche und diverse Fabelwesen schmücken die Wände und die Decken.

Freiheit braucht Bewusstsein. Bewusstsein ist immer der erste Schritt.

Erst 1940 entdeckt, gibt die Höhle den Forschern bis heute Rätsel auf. Waren die damaligen Höhlenbewohner schon »Schöner Wohnen«-Enthusiasten? Oder ging es ihnen ganz konkret um eine Gebrauchsanweisung zur Jagd? Die Deutungen der Experten reichen von religiösen Darstellungen bis hin zu einer steinzeitlichen Deutung des Kosmos (Demmelhuber/Eklofer 2014). Inhaltliche Bedeutung hin oder her, die eigentliche Frage hier lautet: Ist das Arbeit? Oder ist das Freizeitgestaltung? Waren die Menschen zu diesem frühen Zeitpunkt der Zivilisation überhaupt in der Lage, eine solche Unterscheidung zu treffen? Gehen wir doch davon aus, dass Freizeitgestaltung ein Luxusgut ist und eben genau dieses Luxusgut in einer Zeit, in der der Mensch nicht wirklich in Saus und Braus lebte, theoretisch nicht existieren dürfte … Aber vielleicht war es ja Arbeit. Wenn es sich tatsächlich um jagdliche Anweisungen handelt, dann sind die Höhlenmalereien von Lascaux nichts anderes als die ersten Arbeitsanweisungen der Welt.

Natürlich ist uns klar, dass unsere Vorfahren als Jäger und Sammler gearbeitet haben. Allerdings eben »nur« für ihr Überleben. Jagdgesellschaften formierten sich, die Frauen sammelten, was Wald und Steppe hergaben, und verarbeiteten Tierfelle zu Kleidung. Alles Arbeiten war aus der Notwendigkeit heraus geboren. Was aber, wenn die Malereien aus Lascaux nicht aus einer Notwendigkeit heraus geboren wurden? Es ist nicht ganz unwahrscheinlich, dass bereits damals die Menschen auf der Suche nach einem höheren Sinn waren.

Im türkischen Sanliurfa steht ein weiteres beeindruckendes Zeugnis menschlicher Schaffenskunst, welches die Frage nach dem Warum aufwirft. Göbekli Tepe ist der älteste Steintempel der Welt. Irgendwelche Marketing-Spaßvögel haben dem Monument die Bezeichnung »türkisches Stonehenge« verpasst. Ob passend oder nicht, sei einmal dahingestellt. Joachim Bauer – Neurobiologe, Mediziner und Bestsellerautor – und der Grabungsleiter Klaus Schmidt sind sich einig: Göbekli Tepe ist das erste Dokument beziehungsweise Monument menschlicher Arbeit in dem Sinne, wie wir Arbeit heute verstehen (Bauer 2013). Im Vergleich zur Höhle von Lascaux bedurfte es in Göbekli Tepe rund achttausend Jahre später einer gemeinsamen, koordinierten Anstrengung von mindestens ein- bis zweihundert Personen – und das über einen längeren Zeitraum. Aus dieser Perspektive heraus wird schnell klar: Das hat sicherlich nicht immer Spaß gemacht. Also muss es Arbeit sein.

Die Entstehung des Monuments fällt in einen für das Thema »Arbeit« besonderen Zeitraum, den wir heute als neolithische Revolution bezeichnen. In diesem Zeitraum entwickelte sich der Mensch vom umherziehenden Jäger und Sammler zum sesshaften Bauern. Gesellschaftlich ein dramatischer Wandel. Denn alles änderte sich jetzt für jeden.

Ackerbau setzt Sesshaftigkeit voraus und damit auch eine größere Gemeinschaft und Arbeitsteilung. Es machte keinen Sinn mehr, wenn jeder Einzelne für alle Notwendigkeiten des Ackerbaus selbst sorgen musste. Also hielt auch die Arbeitsteilung Einzug und damit die ersten Berufe ... Ob zu diesem Zeitpunkt der Beruf schon von Berufung kam, wie wir es im heutigen Sinne verstehen, sei einmal dahingestellt. Wir können auf jeden Fall davon ausgehen, dass die Notwendigkeit immer noch eine der größten Triebfedern war. Das Erstaunliche: Schon lange vorher hatten die Menschen das Bedürfnis, über die reine Notwendigkeit hinaus tätig zu werden, indem sie schon als Jäger und Sammler Monumente wie Göbekli Tepe schufen. Sinnsuche und Selbstverwirklichung scheinen Grundbedürfnisse des Menschen zu sein. Dazu aber später mehr.

Zunächst können wir davon ausgehen, dass der Mensch nicht grundsätzlich zwischen Beruf und Berufung im lutherischen Sinne trennte. Das ist eine ziemlich neue Entwicklung und hat wohl mit Luthers bereits beschriebener Berufungsidee zu tun. Darüber hinaus gab es so etwas wie freie Berufswahl für lange Zeiten in der Menschheitsgeschichte auch gar nicht. Leibeigenschaft und Zünfte bestimmten im Mittelalter, wer was zu tun und zu lassen hatte. Berufe wurden vererbt. Dass ein Müllerssohn Zimmermann wurde, war nicht vorgesehen. Was aber wiederum nicht bedeutet, dass die

Arbeit nicht sinnstiftend war. Wussten Müller, Zimmermann und Bäcker doch noch genau um den Sinn ihrer Arbeit für die Gesellschaft. Sie konnten ihn ja beobachten.

Schon beim Rückblick auf die geschichtliche Entwicklung der Arbeit fällt auf, dass es gar nicht so einfach ist, eine klare Trennlinie zwischen beglückender, sinnstiftender Arbeit und der notwendigen, Existenz und Lebensstandard sichernden Arbeit zu ziehen. Und nicht nur das: Das passende Vokabular zu nutzen, ohne ständig Verwirrung zu stiften, fällt auch nicht so leicht. Denn erstaunlicherweise ist das Wort »Arbeit« positiv besetzt. Das Verb »arbeiten« jedoch nicht. Und obwohl wir Deutschen den Ruf haben, sehr genau und präzise zu sein, sind wir in unserem Sprachgebrauch zuweilen recht schwammig. Job, Arbeit, Beruf, Berufsbild ... Okay, wir haben alle ungefähr im Kopf, was damit gemeint sein dürfte, aber genau das lässt unglaublich viel Spielraum für Interpretation und Stolperfallen.

Häufig wird unter dem Begriff »Job« die Tätigkeit verstanden, die dazu dient, den Lebensunterhalt zu sichern und damit die Grundbedürfnisse zu befriedigen: Essen, Kleidung und Wohnraum. Redewendungen wie »Das ist dein Job« deuten darauf hin, dass es sich um die wesentlichen Tätigkeiten einer Arbeit handelt. Studenten jobben, um ihren Lebensunterhalt zu sichern. Und der Teilzeitjob bessert das Familieneinkommen auf. Wenn es darum geht, die angenehmen Teile einer Arbeit auszuführen, wird die Bezeichnung »Job« eher selten genutzt. Allerdings nutzen wir die Bezeichnung auch, um die schönen Aspekte zu beschreiben, wenn wir von einem »coolen Job« sprechen.

Erstaunlicherweise ist die Bezeichnung »Beruf« in der gesprochenen Sprache inzwischen in den Hintergrund gerückt. Zum einen sicherlich dem wachsenden Anteil von Anglizismen in unserem Sprachgebrauch geschuldet, vielleicht aber auch, weil das Wort immer noch im lutherischen Sinne verdächtig nach Berufung klingt und wir damit häufig nicht mehr so viel anfangen können. Auf Partys fragt niemand:»Und? Welchen Beruf hast du?« Da geht es eher in die Richtung:»Und? Was machst du so?«

Was die sprachliche Klarheit betrifft, haben es angloamerikanische Psychologen etwas leichter. Sie unterscheiden zwischen Job, Career und Calling. Der Job zahlt die Miete und den Lebensunterhalt. Die Career ist die Karriere. Hier schwingt bereits eine Idee von Selbstverwirklichung im Sinne von Statuserwerb mit. Calling schließlich ist das, was wir unter Berufung verstehen, frei von der Belastung durch den Job. Das Spannende an dieser Unterscheidung ist, dass alle Begriffe problemlos nebeneinander existieren können. Und nicht nur das, sie können sich auch vereinen. Sie müssen es aber nicht. Es ist in diesem Denkmodell durchaus möglich, Karriere zu machen und nach Status und mehr Selbstbewusstsein durch berufliche Stellung zu streben, ohne einer höheren Berufung zu folgen. Das mag im ersten Moment verwerflich klingen, ist es aber zunächst einmal nicht. Wir haben nur das ungute Gefühl, dass eine Karriere ohne Berufung, ohne ein höheres Warum, böse Folgen haben könnte. So ganz unberechtigt ist diese Sorge am Ende ja auch nicht. Allerdings führt Karriere um der Karriere willen nicht zwangsläufig zu verantwortungslosem Handeln! Und sie befeuert es auch nicht! Es wird nur in den Medien oft so dargestellt. Karriere kann im eigenen Erleben auch Spaß machen.

Kleiner Exkurs: Das Wort Karriere stammt übrigens aus der Reiterei. Die Carrière bezeichnet einen Sprung, den das Pferd mit seinem Reiter ausführt, wenn Pferd und Reiter ein sehr hohes Niveau erreicht haben. Daher auch der Ausdruck »Karrieresprung«.

Es ist also keineswegs abwegig, tagsüber Karriere zu machen und nach Feierabend seiner Berufung nachzugehen. Und es ist auch nicht verwerflich. Schwierig wird es für eine Führungskraft, die mit so einer Aufteilung gut zurechtkommt, den eigenen Mitarbeitern ein »Warum« für den täglichen Job mit auf den Weg zu geben. Trifft sie auf einen Mitarbeiter, für den das Warum wichtiger ist als die Karriere, dann sind Konflikte vorprogrammiert.

Was unsere innersten Treiber sind, kann man leider nicht über einen Kamm scheren. Denn Treiber gibt es so viele wie Sand am Meer und alle haben ihre individuelle Berechtigung.

So ist es auch völlig legitim, dass es Menschen gibt, denen Status und gesellschaftliche Stellung völlig egal sind. Sie folgen ihrer Berufung. Und dieser Drang ist bei ihnen so stark, dass auch Entbehrungen sie nicht schrecken. Die minimalen Grundbedürfnisse der Existenzsicherung müssen gedeckt sein, aber alles Weitere wird dem Calling, der Berufung untergeordnet.

Das ist ja alles schön und gut, aber wie kriege ich nun raus, was ich will? Vielleicht will ich gerne meiner Berufung folgen. Aber mit der Berufung ist das so eine Sache. Sie zeigt sich nicht mal so eben.

Der Einstieg in die Selbstanalyse ist die folgende Frage in drei verschiedenen Ausprägungen:

1. **Was** will ich?
2. Was **will** ich?
3. Was will **ich**?

Was also willst du? Was brauchst du? Was bist du? Job, Career oder Calling.

Gar nicht so einfach zu beantworten. Aber vielleicht lassen wir die Fragen, auch wenn es nicht um sie geht, ein wenig mitschwingen. Schließlich sind wir ja doch auf irgendeine Art und Weise immer auf Sinnsuche. Zumindest, was unsere Arbeit betrifft.

Zugehörigkeit – Dabei sein ist alles

Er gehört zu mir, wie mein Name an der Tür,
und ich weiß, er bleibt hier.

> Marianne Rosenberg, deutsche Schlagersängerin, aus *Er gehört zu mir*

Die Frage »Wer bin ich?« ist eigentlich keine geeignete Frage für ein Buch mit dem Titel *Montags muss ich immer kotzen*. Aber sie ist durchaus legitim. Warum? Ganz einfach. Denk einmal ganz kurz an die letzte Gelegenheit, bei der du jemanden kennengelernt hast. Nachdem die Namensfrage geklärt war, was kam dann so ziemlich als nächstes? Abgesehen vom nächsten Getränkewunsch. In der Regel wollen wir von unserem Gegenüber wissen, was sie oder er so tagsüber treibt. Im Sinne von »Und? Was machst du so?« Warum? Wir sind doch nicht unser Beruf oder unser Job. Oder doch? Unsere Arbeit, unser Job, unser Beruf identifizieren uns ein Stück weit.

Es macht einen Unterschied, ob ich beim ersten Kennenlernen sage, dass ich Fremdsprachensekretärin, Grafikerin oder Krisenmanagerin in der Finanzdienstleistung bin. Übrigens alles Berufe, die ich selbst gelernt oder ausgeübt habe. Daher kann ich aus eigener Beobachtung berichten, dass es auf jede dieser Berufsbezeichnungen eine vollkommen andere Reaktion gibt. Wir werden anhand des Berufes, den wir ausüben, einer ersten Bewertung unterzogen. Ob wir wollen oder nicht. Es wird geschätzt, zu welcher Gruppe wir so ungefähr gehören: Bildungsbürgertum, vielleicht sogar schon etwas darüber, Mittelschicht oder eher darunter. Sozialpädagogen und Künstler haben nach meiner Lebenserfahrung weithin eine andere politische Meinung als Banker und Versicherungsfachwirte ...

Wenn du noch Zweifel hast, dass es so ist, dann mach dir doch bei der nächsten Party den Spaß und antworte auf die Frage »Und, was machst du so?« mit deinen bevorzugten Freizeitaktivitäten oder damit, welches Buch du gerade liest. Das wird garantiert sehr unterhaltsam werden.

Es ist selbstverständlich nicht nur die berufliche Kaste, zu der wir durch unser tägliches Tun gehören. Unsere Arbeit leistet noch wesentlich mehr. Sie stellt durch ihre monetäre Komponente auch sicher, dass wir zum Beispiel zur Liga der Gartenliebhaber, Surfer oder Harley-Fahrer gehören können. Und sie gibt uns täglich das Gefühl, zum größeren Ganzen unserer Firma und auch gesellschaftlich dazuzugehören. Okay, zugegebenermaßen vielleicht mehr oder weniger stark.

Damit ist klar: Zugehörigkeit hat viele Facetten.

Das ist nun nicht weiter neu. Die Frage ist doch vielmehr: Warum ist uns Zugehörigkeit so wichtig, obwohl uns dies im ersten Moment nicht unbedingt offensichtlich erscheint? Wir sind doch eigentlich eher Individualisten. Oder etwa nicht?

Nein, sind wir nicht. Wir haben 98,7 Prozent unserer Gene mit Schimpansen gemeinsam (Max-Planck-Institut). So unangenehm das schon ist, es ist noch schlimmer: Unsere Gene machen aus uns Herdentiere. Und was braucht ein Herdentier mehr als alles andere auf dieser Welt? Genau: Seine Herde oder Zugehörigkeit.

Und selbst wenn wir es noch so sehr wollten: Wir können keine einsamen Helden sein, denn unser Unterbewusstsein und unser Hormonhaushalt sind nicht auf »Einzelgänger«, sondern auf »Herde« gepolt.

Verantwortlich für unseren Drang nach Zugehörigkeit ist das Hormon Oxytocin, auch Kuschelhormon genannt. Während der Geburt werden Mutter und Kind mit Oxytocin geflutet. So sorgt das Hormon dafür, dass Mutter und Kind sofort nach der Geburt ein übermäßig starkes Gefühl der Verbundenheit spüren. Vor allem bei der Mutter. Sehr schlau von der Natur eingefädelt, denn so ist dafür gesorgt, dass die Mutter alles für den hilflosen Säugling tun wird. Schreit das hungrige Bündel, ist bei Mama wieder Oxytocin am Start. Auch ein Grund, warum viele Frauen das Stillen als besondere Verbundenheit mit ihrem Kind empfinden. Oxytocin hat aber auch noch eine Reihe anderer Wirkungen, die direkt oder indirekt auf unsere sozialen Bindungen wirken und unser Sozialleben maßgeblich beeinflussen. Es festigt soziale Bindungen, fördert Vertrauen und den Abbau von Aggressionen und erhöht sogar die Bereitschaft, Fehler von Mitgliedern der eigenen sozialen Gruppe zu verzeihen. Wir brauchen soziale Gruppen wie der Fisch das Wasser. Und ob wir es nun mögen oder nicht: Unser Arbeitsplatz stellt eine sehr stabile soziale Gruppe dar. Diese ist zwar anstrengend, weil wir sie nicht so ohne Weiteres verlassen können und wollen, aber genau aus diesem Grund bietet sie ein hohes Maß an Verlässlichkeit.

Um noch einmal auf das Oxytocin zurückzukommen: Das Hormon ist der Gegenspieler des Stresshormons Cortisol und damit an Stressabbau beziehungsweise -vermeidungsreaktionen maßgeblich beteiligt. Mit anderen Worten: Arbeit verursacht nicht nur Stress. Sie kann ihn sogar verhindern! Klar, denn sie verhindert sozialen Stress! Laut einer 2011 erschienenen Gemeinschaftsstudie der Universitäten Freiburg, Singapur und Jerusalem beeinflusst das Oxytocin-System unsere sozialen Interaktionen in Stresssituationen (Gemeinschaftsstudie). In der Untersuchung wurden männliche Probanden unter Stress gesetzt. Die Probanden sollten die Situation entweder allein oder mithilfe ihrer Partnerin lösen. Das Ergebnis gibt den Forschern Anlass zu der These, dass Oxytocin-Systeme soziales Verhalten beeinflussen und so Stress abbauen.

Was in der berühmt berüchtigten Bedürfnispyramide nach Abraham Maslow durch diverse Führungskräfteschulungen geistert, wird durch aktuelle Studien untermauert. Aufgrund der heutigen Forschung wissen wir nun auch so einigermaßen, warum »Zugehörigkeit« einer unserer Motivatoren ist: Oxytocin. Und unser Gehirn findet Oxytocin unheimlich chic. Denn wenn wir uns verbunden fühlen, dann kommen in der Regel auch die Freunde von Oxytocin zur Party im Hirn: Serotonin, Dopamin und Endorphine.

Wir wollen dazugehören. Was passiert, wenn wir nicht dazugehören beziehungsweise ausgegrenzt werden, ist hinlänglich bekannt: Wir werden krank. Mobbing und seine Folgen verdeutlichen im negativen Sinn, wie wichtig Zugehörigkeit für Menschen ist. Der *Mobbing-Report* zeigt deutlich, was passiert, wenn Menschen die Zugehörigkeit entzogen wird. Unter den Auswirkungen sind Demotivation (71 Prozent), Leistungs- und Denkblockaden (57 Prozent), vermehrtes Fehleraufkommen (33,5 Prozent). Und die Folgen sind noch viel weitreichender. Ausgrenzung macht krank. So zeigt der Report, dass 43,9 Prozent der Studienteilnehmer mit Krankheiten zu kämpfen hatten. Aber Mobbing ist nur die Spitze des Eisberges *(Mobbing-Report)*. Was passiert, wenn wir unseren Job, unsere Arbeit ganz verlieren? Diese Angst ist so mächtig und so erschreckend, dass wir bereit sind, so einiges zu ertragen. Mit anderen Worten: Unsere Arbeit bewahrt uns vor sozialem Abstieg. Sie hält uns in unserer Gruppe ...

Ein Erlebnis, welches ich Trainingsteilnehmern in diesem Zusammenhang immer wieder erzähle, hat mich besonders bewegt. Dachte ich doch, so etwas gäbe es nur im Film ... Als ich noch ganz frisch in der beruflichen Weiterbildung unterwegs war, telefonierte ich mehrfach mit einem Vertriebsgeschäftsführer eines mittelständischen Unternehmens. Wir verabredeten uns für ein erstes Kennenlernen in einem Café bei mir in der Nähe, da er zu diesem Zeitpunkt in der Gegend war. Es war ein sehr angenehmes Gespräch und wir verblieben so, dass ich ihm per E-Mail eine Zusammenfassung unseres Treffens schicken würde und dass wir dann im nächsten Jahr eine gemeinsame Trainingsreihe aufsetzen würden. Am gleichen Abend habe ich noch alles fertig gemacht und abgeschickt. Am folgenden Tag rief mich die Assistentin der Geschäftsführung an und teilte mir mit, dass mein Gesprächspartner seit zwei Monaten nicht mehr für das Unternehmen tätig sei ... Ich war total perplex, hatte ich doch am Tag zuvor noch mit ihm gesprochen und überhaupt nichts deutete darauf hin, dass er nicht der wäre, für den ich ihn hielt ...

Ich kann bis heute immer noch nicht ganz glauben, was damals tatsächlich passiert ist. Ich war live und in Farbe in einem dieser Hollywoodstreifen, in denen Anwälte oder Banker seit Wochen keinen Job mehr haben, aber jeden Morgen geschniegelt und gebügelt das Haus verlassen, um abends rechtzeitig zum Abendessen wieder nach Hause zu kommen. Alles aus Angst vor dem Gesichtsverlust. Alles aus Angst, nicht mehr dazuzugehören …

Jetzt wirst du vielleicht denken: Aber ich würde nicht so reagieren. Tatsächlich ist es gar nicht so unwahrscheinlich, dass wir so komische Dinge tun, wenn wir uns ausgeschlossen fühlen oder Angst haben, nicht mehr dazuzugehören.

Im Oktober 2003 veröffentlichen Naomi I. Eisberg und Matthew D. Lieberman, beide Experten für soziale Neurowissenschaften, gemeinsam mit dem Sozialpsychologen Kipling D. Williams ihre Studie *Does rejection hurt?* im renommierten *Science Magazin*. Die Wissenschaftler stellten dar, was das Gehirn so anstellt, wenn Menschen sich ausgeschlossen fühlen. Hierfür entwickelten sie in ihrer Studie ein virtuelles Ballspiel für drei Strichmännchen. Ein Strichmännchen wurde vom Probanden gesteuert, während zwei Strichmännchen computergesteuert waren. Während des gesamten Spielverlaufs lagen die Probanden im Magnetresonanztomografen (fMRT). Die Versuchspersonen gingen übrigens davon aus, über ein Netzwerk mit echten Personen zu spielen.

Anfangs erschien das Spiel völlig normal. Die Strichmännchen warfen sich untereinander fröhlich den Ball zu und der Proband war vollkommen in das Spiel integriert. Irgendwann änderte sich allerdings das Spiel und die Versuchsperson bekam den Ball eine ganze Weile überhaupt nicht mehr. Sie wurde aus dem Spiel ausgeschlossen und konnte nur noch zusehen. Was jetzt geschah, war für die Wissenschaftler zwar nicht wirklich neu, aber sie konnten quasi sehen, wie das Gehirn litt. Im Moment des Ausgeschlossenseins aktivierte das Gehirn den gleichen Bereich wie bei körperlichem Schmerz, den dorsalen anterioren cingulären Cortex. Damit konnten die

Unsere Arbeit bestimmt unsere soziale Gruppe.

Wissenschaftler die Eingangsfrage, die auch den Titel ihrer Forschungsarbeit stellt – *Verursacht der Ausschluss aus einer sozialen Gruppe Schmerz?* – eindeutig mit Ja beantworten. Übrigens zeigte die Studie nicht nur, wie schmerzhaft der Ausschluss während eines Spiels für unser Gehirn ist, sie zeigte auch, dass ein Ausschluss von Anfang an genauso grausam ist. Jeder, der als Kind im Sportunterricht einmal als letzter in eine Mannschaft gewählt wurde, weiß, wie sich das anfühlt.

Was hat das aber mit unserem Job, unserem Beruf, unserer Arbeit zu tun? Alles, denn unsere Arbeit sorgt dafür, dass wir uns eine soziale Gruppe überhaupt leisten können. Darüber hinaus stellt sie eine eigene soziale Gruppe, die Menschen in unserer Firma oder, wie beispielsweise im Falle von Schauspielern, die Menschen unseres Berufsstandes. Wer meint, das wäre doch wohl nicht so wichtig, der stelle sich einmal ganz kurz die Frage, warum Langzeitarbeitslosigkeit nachweislich krank macht.

Unsere Identität hängt zu einem wesentlichen Teil an unserer Arbeit. Wir sind nicht nur mit ihr identifiziert, sie identifiziert auch uns anderen gegenüber. Durch sie sind wir einschätzbar und kategorisierbar. Kein angenehmer Gedanke in einer schönen bunten Werbewelt, in der die Individualität und Einzigartigkeit der Altar sein sollen, an den wir unsere Opfer tragen sollen. Individualität ist schön und gut. Und natürlich sind wir einzigartig, aber – und das sollten wir stets im Hinterkopf behalten – wir sind hochsoziale Wesen und somit von Geburt an von anderen abhängig. Wir brauchen andere, um uns selbst einschätzen zu können. In der sozialen Interaktion schätzen wir unseren eigenen Wert ein und entwickeln unser Selbstwertgefühl.

Und machen wir uns nichts vor: Arbeit ist in unserer Gesellschaft höchst positiv besetzt. Oft noch verbunden mit einer Führungsposition (Dominanz in der sozialen Gruppe) oder (und) wirtschaftlichem Erfolg (Anerkennung gegenüber anderen). Unsere Gesellschaft erzählt uns unmissverständlich die immer gleiche Story: »Schaffste was, dann haste was, dann biste was.«

[3] Anerkennung – Schau mal, wie toll ich bin

Wie ich dich sehe ist für dich unbegreiflich.
Komm ich zeig's dir.
Ich lass' Konfetti für dich regnen,
Ich schütt' dich damit zu,
Ruf' deinen Namen aus allen Boxen,
Der beste Mensch bist du.
Ich roll' den roten Teppich aus,
Durch die Stadt, bis vor dein Haus,
Du bist das Ding für mich,
Und die Chöre singen für dich.

Mark Forster, deutscher Singer/Songwriter, aus *Chöre*

Jeder kennt diese unglaublich stolzen Eltern, die so begeistert von den Leistungen ihrer Dreijährigen sind, dass man ihnen spontan an den Puls fassen möchte. Den Eltern. Nicht den Dreijährigen! Was der Nachwuchs alles kann und wie unglaublich begabt er doch sei: »... Stell dir vor, der Kleine hat einen Fahrstuhl aus Lego gebaut, obwohl er noch nie im Leben einen Fahrstuhl gesehen hat.« Dann wird stolz der Fahrstuhl gezeigt und der Zwerg genötigt, mit seinem rudimentären Wortschatz die Ingenieurleistung zu beschreiben. Das Kind brabbelt vor sich hin, die Elternaugen leuchten und das arme Publikum muss mindestens zehn Minuten Interesse heucheln und kann nur hoffen, dass der Spuk vorbeigeht.

An dieser Stelle möchte ich mich kurz bei unseren Freunden entschuldigen, denn ich war vor einigen Jahren diese stolze Mutter und habe eben diese Freunde mit einem angeblichen Lego-Fahrstuhl drangsaliert ...

Doch warum machen wir als junge Eltern so etwas? Weil wir unser Kind motivieren wollen, sich weiterzuentwickeln. Und instinktiv wissen wir: Anerkennung ist die beste Motivation.

1954 stolperten die US-Forscher James Olds und Peter Milner vom California Institute of Technology eher zufällig über das Belohnungssystem im
Gehirn von Ratten. Ihr eigentliches Ziel war es, etwas über die Systematik
von Lernprozessen herauszufinden. Dazu implantierten sie ihren Ratten
Elektroden ins Gehirn, setzten sie aber bei einer Ratte an der falschen Stelle ein, was für eine Überraschung sorgte: Das Tier fand den Elektroschock
super und kehrte immer wieder an die Stelle im Versuchskäfig zurück, an
der es den Impuls bekommen hatte. Hellhörig geworden, gaben Olds und
Milner bei weiteren Experimenten ihrer Ratte die Möglichkeit, sich mit
einem Hebel selbstständig einen Stromschlag zu verpassen, und siehe da:
Das Tier drückte nach ein paar Minuten Lernzeit regelmäßig auf den Hebel,
und zwar alle fünf Sekunden!

Seitdem sind Wissenschaftler dabei, das Belohnungszentrum im Hirn zu
erforschen. Wo es sitzt, wie es funktioniert und was es dazu benötigt. Aktuell weiß man, dass es keine spezielle Region im Gehirn gibt, die man als
Belohnungszentrum ausweisen könnte. Vielmehr handelt es sich um eine
Art Schaltkreis, bei dem verschiedene Hirnregionen beteiligt sind. Fast wie
in Otto Waalkes legendärem Sketch *Kleinhirn an Großhirn*.

Botenstoff für diesen Austausch ist Dopamin. Das Hormon ist vielmehr für
die Erwartung, also die Vorfreude, zuständig. Das bedeutet, dass eine Be-
lohnungsreaktion im Gehirn in dem Moment gestartet wird, in dem wir eine
Belohnung erwarten. Im Prinzip könnte man auch vom Motivationssystem
sprechen, zumindest bis zu dem Punkt der Reaktion, wo das tatsächliche
Ergebnis über den weiteren Verlauf der Gehirnreaktion entscheidet. Tritt
das erwartete Ergebnis, also der Belohnungsreiz, ein, feiern Endorphine,
Oxytocin und ein paar weitere Stoffe eine kleine Glücksparty in unserem
Kopf. Jeder weiß, wie sich das anfühlt. Und Wertschätzung, Anerkennung,
Sympathie und natürlich Liebe lösen diese großartige Party in unserem
Kopf aus.

Aha ... Das ist also einer der Gründe, warum wir uns Tag für Tag zur Arbeit schleppen – mal mehr und mal weniger motiviert: Unser Gehirn ist ein Happy-Hormone-Junkie. Die ernüchternde Antwort ist: Jepp. So ist es. Joachim Bauer schreibt in seinem Buch *Arbeit – Warum unser Glück von ihr abhängt und wie sie uns krank macht!*: »... Auch wenn es vielen möglicherweise nicht bewusst sein mag, so ist es doch eine Tatsache: Ein zentrales, neurobiologisch (!) begründetes Motiv für die Bereitschaft des Menschen zu arbeiten ist der Wunsch nach direkter oder indirekter Anerkennung.«

Wertschätzung, Anerkennung und Sympathie dienen – wenn man es einmal aus der Perspektive der Familie Feuerstein betrachtet – wieder der Gruppenzugehörigkeit. Als Jäger und Sammler war man damals einfach besser dran und das Überleben so einigermaßen gesichert. Zu dieser Zeit haben sich Fred und Wilma ihre Anerkennung und Wertschätzung in der Gruppe dadurch gesichert, dass sie nette und nützliche Gruppenmitglieder waren. Und wodurch wurden die Feuersteins nützlich? Durch den Beitrag, den sie zur Gemeinschaft leisteten: ihre Arbeit ...

Jetzt ist natürlich die Preisfrage: Was ist Anerkennung? Ist es die so oft eingesetzte Prämie? Oder ist es ein Schulterklopfen? Ein Lob? Eine freundliche Geste? Was denn nun? Die Antwort: Es kommt darauf an! Es kommt darauf an, welche individuellen Erfahrungen Menschen haben. Es kommt darauf an, wie ihr Gehirn und ihr Motivationssystem geprägt wurden. Denn wird das Motivationssystem enttäuscht, dann läuft eine andere Reaktion im Gehirn ab. Jetzt wird ein Teil des Gehirns aktiv, der auch bei körperlichen Schmerzen das Sagen hat: die Insula. Prof. Dr. Johannes Siegrist schreibt dazu in seinem Buch *Arbeitswelt und stressbedingte Erkrankungen*: »Es scheinen damit enge Verbindungen im Gehirn zwischen emotionalen und körperlichen Schmerzempfindungen zu bestehen, vor allem dann, wenn sich ersehnte zwischenmenschliche Belohnungen zerschlagen oder wenn ein schwerwiegender Vertrauensbruch erfahren wird.« Und findet unser Gehirn körperlichen Schmerz toll? Natürlich nicht. Also lernt es, seine Erwartungen massiv herunterzuschrauben. Studien der University of Wisconsin belegen diesen Effekt. Die Wissenschaftler des Instituts untersuchten zwei Gruppen von Vierjährigen. Die eine Gruppe hat ihre ersten Lebensmonate in osteuropäischen Heimen verbracht zu einer Zeit, in der Füttern und Wickeln als ausreichende Zuwendung galten. Die Kinder wurden mit circa einem Jahr von amerikanischen Familien adoptiert. Die zweite Gruppe wuchs von Geburt an bei ihren Eltern auf. Die Forscher interessierten sich vor allem für die Reaktionen der Kinder auf körperliche Zuwendung wie eine Umarmung. Dabei stellten sie durch Urinuntersuchungen fest, dass die Kinder aus der ersten Gruppe auf dieselben Zuwendungen viel schwächer reagierten.

Auch ist der genaue Anerkennungscocktail aus monetärer Zuwendung, aufmunterndem Lob oder auch dem Übertragen von verantwortungsvollen Aufgaben individuell verschieden.

Mit anderen Worten: Ja, Geld kann als Anerkennung funktionieren, aber eben nicht – wie so oft praktiziert – als alleinige Stimulation und auch nicht bei jeder Person. Es kommt auf die Person an, der die Anerkennung zuteilwerden soll. Wer jetzt denkt, das sei zu schwierig, der stelle sich doch einfach einmal vor, er solle zwei verschiedenen Personen aus seinem Umfeld seine Anerkennung ausdrücken, und zwar so, dass es der betreffenden Person auf jeden Fall gefällt. Die eine Person wäre seine Partnerin oder Partner und die andere wäre ein Kind, entweder das eigene oder eines, das dir nahesteht. Würdest du deine Anerkennung mit Geld ausdrücken? Vielleicht. Es kommt drauf an. Bei meinem vierzehnjährigen Sohn hätte dies vor ein paar Jahren noch nicht funktioniert. Kinder unter zehn Jahren können typischerweise die Bedeutung von Geld noch nicht einschätzen, weil sie selbst erst wenig mit Geld umgehen, aber ein Teenager mit zunehmender Eigenständigkeit, kann den Wert des Geldes ganz gut einschätzen und es würde funktionieren. Wenn ich meinem Mann einen Fünfzigeuroschein in die Hand drücken würde, würde er vielleicht lachen, aber etwas irritiert wäre er schon. Dagegen würden zwei Karten für das nächste St.-Pauli-Spiel oder ein heiß ersehntes Ersatzteil für seinen VW-Bulli sicher besser ankommen. Individuelle Aufmerksamkeit ist das Zauberwort. Denn es kommt nicht nur auf die Person, es kommt auch auf die Beziehung zueinander an. Wer sich aber jetzt zurücklehnt und meint, dass monetäre Aufmerksamkeit im Job ja ausreichen würde: Weit gefehlt. Auch hier ist individuell und situationsbedingt zu entscheiden.

Anerkennung hat auch immer etwas mit »gesehen werden« zu tun. Echte Anerkennung heißt auch immer die Anerkennung unserer Individualität, unserer Einzigartigkeit und die Wertschätzung unseres Tuns. Geld vermag dies nur zu einem gewissen Teil auszudrücken. Selbst bei hochgradig incentivierten Jobs wie im Vertrieb reicht Geld allein als Motivation nicht aus, denn Geld bekommst du in jedem Job und wenn du richtig gut bist, auch viel Geld. Das Einfordern einer leistungsgerechten Bezahlung ist heute in vielen Bereichen kein Thema mehr. Gerade darum kommt jeder nicht-finanziellen Form von Anerkennung ein wesentlich höherer Stellenwert zu.

Joachim Bauer schreibt dazu in seinem Buch *Prinzip Menschlichkeit*: »Nichts aktiviert die Motivationssysteme im Gehirn so sehr wie der Wunsch, von anderen gesehen zu werden, die Aussicht auf soziale Anerkennung, das Erleben positiver Zuwendung und – erst recht – die Erfahrung von Liebe … Alle Ziele, die wir im Rahmen unseres normalen Alltags verfolgen, die Ausbildung oder den Beruf betreffend, finanzielle Ziele, Anschaffungen et cetera, haben aus der Sicht unseres Gehirns ihren tiefen, uns meist unbewussten Sinn dadurch, dass wir damit letztlich auf zwischenmenschliche Beziehungen zielen, das heißt, diese erwerben oder erhalten wollen. Das Bemühen des Menschen, als Person gesehen zu werden, steht noch über dem, was landläufig als Selbsterhaltungstrieb bezeichnet wird.« Mit anderen Worten ausgedrückt können wir sagen, Anerkennung kommt in vielen unterschiedlichen Formen daher. Es kommt entscheidend darauf an, zu erkennen, wie der Anerkennungsempfänger gepolt ist.

Anerkennung heißt:
Ich sehe dich!
Ich höre dir zu!

Dann ist also egal, wie viel wir verdienen? Anerkennende Worte und persönliche Wertschätzung sind eigentlich mindestens genauso wichtig? Nicht ganz, denn Geld ist das Mittel, um unseren sozialen Status zu erhalten beziehungsweise zu verbessern. Geld hilft uns durch Kauf der entsprechenden Dinge, bei anderen aufzufallen und einen guten ersten Eindruck zu machen. Geld hilft uns darzustellen, dass wir gesellschaftlich gut verortet sind.

Und genau in diesem Moment wird wieder ein Schuh daraus: Selbst wenn wir unseren Job hassen, unser Chef ein Arschloch ist und auch die Kollegen Idioten sind, so garantiert uns der Broterwerb eben doch mehr als nur die physische Existenz. Durch unser Gehalt dokumentieren wir unseren sozialen Status und weisen uns als nützliche Mitglieder der Gesellschaft aus. Doch Vorsicht ist geboten: Vorsicht, den richtigen Moment für einen geregelten Absprung zu einem neuen Job nicht zu verpassen, wenn der Traumjob zum Albtraum mutiert. Schließlich verbringen wir einen nicht ganz unbeträchtlichen Teil unseres Lebens damit, zu arbeiten. Da sollte die Kosten-Nutzen-Rechnung, die unser Gehirn in der Regel schon ohne unser bewusstes Zutun macht, grundsätzlich aufgehen: Selbst wenn ich in einem Job unterwegs bin, der mit Selbstverwirklichung nicht soooo viel zu tun hat, müssen ein doofer Chef und blöde Kollegen nicht sein. Die finde ich im Zweifel auch woanders, aber die Chance auf mehr positive zwischenmenschliche Kontakte steigt bei einem Wechsel enorm.

Status – Schaffste was, dann haste was, dann biste was [4]

Jetzt schaust du weg, grüßt mich nicht mehr
Und ich lieb' dich immer noch so sehr
Ich weiß, was dir an ihm gefällt
Ich bin arm und er hat Geld
Du liebst ihn nur, weil er ein Auto hat
Und nicht wie ich ein klappriges Damenrad.

Die Ärzte, deutsche Punkband, aus *Zu spät*

Sozialer Status und Gehaltsscheck haben mehr miteinander zu tun, als uns lieb ist und gerne kolportiert wird. Und noch schlimmer: Sozialer Status ist für jeden Menschen enorm wichtig. Ob wir wollen oder nicht.

Wie sonst erklärt sich die hemmungslose Bildungswut von Eltern? Hauptsache, die Kinder gehen aufs Gymnasium und studieren danach. Nur dieser Weg scheint in ihren Augen für den Nachwuchs eine Perspektive darzustellen, sollen doch Aussicht auf Erfolg und vor allem Statuserhalt gesichert werden. Das Ganze geht sogar so weit, dass Eltern ihre Klauen ausfahren, wenn sich der Schulerfolg nicht von selbst einstellt: Nachhilfe, Intervention in der Schule, rechtliche Mittel, Mobbing, Internat, Privatschulen. War die Nachkriegsgeneration noch eine Generation des sozialen Aufstiegs, so sind ihre Kinder und Enkelkinder in weiten Teilen mit der Sicherung des Status quo beschäftigt.

Dabei spielt Arbeit eine zentrale Rolle. Sozialer Status ist tief in uns verankert. Nicht erst seit uns auffällt, dass unendliches Wirtschaftswachstum vielleicht nicht die Lösung für unseren Wohlstand sein kann. Unser Gehirn ist auf Statusdenken quasi programmiert. Jeder Historiker und jeder Gesellschaftstheoretiker weiß, dass es nie eine Gesellschaftsform ohne Statusunterschiede gegeben hat – auch wenn wir es noch so gerne hätten. Status, Gruppendynamik und soziales Verhalten sind in unserem Gehirn eng miteinander verknüpft. Das geht sogar erschreckend weit, wie das nächste Beispiel zeigt.

Ein Team von Wissenschaftlern, unter anderem Professor Andreas Meyer-Lindenberg von der Universität Heidelberg, hat bei Probanden die neuronalen Vorgänge während eines Computerspiels untersucht (Lindenberg 2008). Die Wissenschaftler analysierten über den Magnetresonanztomografen, wie das Gehirn auf bestimmte Spielkonstellationen reagiert. Den Versuchspersonen wurde gesagt, dass sie im Spiel gegen zwei Spieler antreten. Ihnen wurde auch gesagt, welcher Spieler der angeblich Überlegene sei. Dann wurden sie gebeten, zu spielen. Die Forscher konnten beobachten, dass das Gehirn den unterlegenen Mitspieler gar nicht beachtete und kein neuronales Muster für ihn anlegte. Die Ergebnisse bestätigten die These, dass Menschen sich nur mit besser gestellten Menschen vergleichen. Was die Forscher jedoch überraschte, war die Deutlichkeit in der Form, dass das Gehirn der Probanden den Unterlegenen im wahrsten Sinne des Wortes gar nicht auf dem Schirm hatte. Und nicht nur das: Bei einer Versuchsvariante wurde eine geänderte Hierarchie simuliert. Durch Erfolg oder Misserfolg stand der Status der Teilnehmer selbst auf dem Spiel. In diesem Moment schalteten sich im Hirn sogar noch weitere Regionen ein, und zwar die Bereiche, die für Emotionen zuständig sind. Es konnte nachgewiesen werden, dass bei Statusverlust tatsächlich die gleichen Areale aktiv sind wie bei körperlichem Schmerz.

Wer glaubt, dass in der Steinzeit noch alles besser war und Status in der frühen Menschheitsgeschichte keine Rolle spielte, der irrt. Fred und Wilma Feuerstein haben nicht in paradiesischer Eintracht gelebt. Ihnen waren Status und Besitz wichtig. Natürlich ging es dabei darum, wer den besten Zugang zu Nahrung hatte. Allerdings weniger darum, wer zuerst an den Trog durfte, sondern vielmehr darum, wer die besten Ackerböden beackern durfte.

Ein Forscherteam um den Prähistoriker Alexander Bentley an der Universität Bristol fand heraus, dass Männer, die als Grabbeigabe eine Axt vorweisen konnten, einen besseren Zahnschmelz hatten als Männer ohne Axt (Bentley 2011). Mit anderen Worten: Unser »Schaffste was, dann haste was, dann biste was« war offensichtlich auch schon vor rund siebentausend Jahren en vogue.

Wenn ein Mann sich also erst einmal eine hochwertige Axt gesichert hatte, dann hatte er auch bessere Chancen, seine Gene mit jungen Frauen im gebärfähigen Alter zu teilen. Das hat sich bis heute nicht geändert. Ältere Männer mit hohem sozioökonomischem Status – SES – haben häufiger jüngere Frauen als Partner. Ein Phänomen, welches inzwischen sogar Verhaltensbiologen und Psychologen auf den Plan gerufen hat. Wo noch zu Freuds Zeiten den Frauen amtlich ein Vaterkomplex bescheinigt wurde, geht man heute davon aus, dass Frauen instinktiv materielle Sicherheit und damit Sicherheit für ihren Nachwuchs suchen. Eben den Typen mit der guten Axt.

Tatsächlich wurde an der Syracuse University in den USA nachgewiesen, dass Versuchsteilnehmerinnen unattraktive, ältere Männer mit teuren Klamotten, also dem höheren Status, den jungen, attraktiven Kerlen in Burgerkettenuniform vorziehen (Levy/Marshall 1990). Umgekehrt wird auch ein Schuh daraus, gut zu erkennen an einigen älteren, prominenten Damen, die ihre jugendlichen Liebhaber stolz auf den roten Teppichen dieser Welt präsentieren. Die Gleichberechtigung macht's möglich. Und auch in diesem Fall, wenn auch eher eine gesellschaftliche Entwicklung als ein fortpflanzungstechnischer Vorteil, geht es durchaus um Status. Diese Frauen können sich ihre jungen Partner schlicht leisten. Denn gesellschaftliche Häme und damit Ausgrenzung, die solche Paare trifft, sind ja durchaus da. Selbst in der Promiwelt sind ältere Frauen mit jüngeren Lebenspartnern öfter eine Meldung wert als ältere Männer mit jüngeren Frauen. Wer es von den Damen allerdings besonders weit nach oben geschafft hat oder besonders weit oben ist, der ist größtenteils immun gegen die Anfeindungen aus der Boulevardpresse. Zumindest von außen betrachtet.

Status entsteht
durch die Beurteilung
von außen.

Status und die Freiheit, zu tun, was man will, hängen eben ganz eng zusammen. Bei Männlein und Weiblein. Dabei sollten wir Status und Macht nicht durcheinanderwerfen. Sie gehen zwar häufig Hand in Hand, sind aber wissenschaftlich betrachtet zwei verschiedene Paar Schuhe.

Status muss man sich erarbeiten – zumindest einen hohen. Einen niedrigen Status haben wir von ganz alleine. Wer einen hohen Status hat, der genießt Wertschätzung und Ansehen von anderen Personen. Mit anderen Worten: Status entsteht durch die Beurteilung von außen. Macht hingegen kann auch einfach durch körperliche Überlegenheit entstehen. Diese Macht verleiht jedoch noch keinen höheren Status – zumindest nicht im normalen gesellschaftlichen Umfeld.

Es ist wieder einmal die Frage: »Was denken denn die anderen?« Und so schmücken wir uns mehr oder weniger zwanghaft mit Statussymbolen: Wir legen Wert auf einen gepflegten Vorgarten, obwohl wir Gärtnern eigentlich doof finden. Wir treten in einen Golfklub ein, obwohl wir Golfspielen gar nicht besonders mögen, aber mit dem Statusgewinn im Hinterkopf erscheint uns die Sache ganz anders. Und der Job? Wir schleppen uns zu einer Arbeit, die wir nicht mögen, denn sie verleiht uns Status. Sie macht uns zu einem aktiven Mitglied der Gesellschaft. Wir sind dann nicht nutzlos und je höher das Ansehen des Berufes, umso höher natürlich auch der eigene Status. Selbst wenn ich als Stationsarzt schon völlig desillusioniert durch die Krankenstation haste und mir bewusst bin, nur Feuerwehr für ein marodes Gesundheitssystem zu spielen, so gibt mir mein Job am Ende trotzdem ein hohes gesellschaftliches Ansehen (dbb Bürgerbefragung 2017). Und sogar als unterbezahlte Krankenpflegekraft werde ich weiterhin meinen Knochenjob ausüben, denn im gesellschaftlichen Ansehen rangiere ich tatsächlich vor Anwälten und Hochschulprofessoren. Okay, machen wir uns nichts vor: Die Bezahlung hebt das nachher wieder auf, aber die Ausgangsfrage war ja: Warum machen wir das eigentlich? Weil wir Herdentiere sind und weil für Herdentiere der Platz in der Gruppe nun einmal eine existenzielle Bedeutung hat. Mit anderen Worten: Wenn wir von

Existenzsicherung sprechen, dann schwingt unbewusst wesentlich mehr mit als das Häuschen im Grünen und der jährlich notwendig erscheinende Familienurlaub. Existenzsicherung und das Streben nach Status liegt uns in den Genen.

Der Vollständigkeit halber sei hier angemerkt: Selbstverständlich gibt es Stationsärzte und Krankenpfleger, die ihren Job aus Leidenschaft machen. Gott sei Dank. Aber diese Gruppe ist als Beispiel in diesem Kapitel leider ungeeignet.

[5] Herausforderungen – Helden des Alltags

So many times it happens too fast
You trade your passion for glory
Don't lose your grip on the dreams of the past
You must fight just to keep them alive

Survivor, US-amerikanische Band, aus Eye of the tiger

Unser Gehirn war über Jahrhunderte ein reines Spekulationsobjekt. Selbst Sigmund Freud hat nur spekuliert, als er vom Es und dem Über-Ich fachsimpelte. Heute weiß man, dass es eben auch nur das war, eine fein verpackte Spinnerei. Nichtsdestotrotz hat der berühmte Begründer der Psychoanalyse sehr viel für das Verständnis unserer grauen Zellen getan. Die Idee der Psychotherapie verdanken wir letztendlich ihm. Aber auch hier gibt es noch eine ganze Menge Missverständnisse. Beispielsweise gibt es inzwischen genügend Hinweise, dass es völlig sinnbefreit ist, in der Vergangenheit herumzustochern und bestehende Denkblockaden aufzuspüren, um diese über ein Gespräch zu beseitigen. Heute weiß man, dass alte Erinnerungen im Gehirn nicht einfach gelöscht werden können. Auch hat sich die Erkenntnis durchgesetzt, dass bestehende Verhaltensmuster nicht über Gespräche veränderbar sind. Das Gehirn kann aber trainiert werden, neue Wege zu gehen und neue Routinen anzulegen. Dazu empfehlen die meisten Forscher vor allem eines: Neue positive Erlebnisse, die über die schlechten Erinnerungen gelegt werden. Wichtig dabei ist, dass das Gehirn wirklich mit allen Sinnen erlebt, dass es sich anders verhalten kann. Mit anderen Worten: Man muss tatsächlich ins Tun kommen. (Dogs 2017)

Außerdem weiß man heute, dass unser Gehirn nicht ab dem dreiundzwanzigsten Lebensjahr anfängt, sich wieder rückwärts zu entwickeln. Im Gegenteil: Unser Gehirn ist auf lebenslanges Lernen ausgerichtet. Der alte Spruch »Was Hänschen nicht lernt, lernt Hans nimmermehr« hat definitiv ausgedient. Das ist ja mal eine frohe Botschaft. Wer also schon immer eine Fremdsprache oder ein Instrument lernen wollte: Es ist nie zu spät, damit anzufangen. Und das Gehirn begeistert es garantiert.

Was das Gehirn auch begeistern kann, und zwar ohne dass wir es merken, ist unser Job. Das ist kein Witz. Denn während wir unserer Beschäftigung nachgehen, tun wir etwas, dass wir in unserer Freizeit so gut wie möglich zu vermeiden suchen: Wir setzen uns mit den Meinungen und Vorstellungen anderer auseinander. »Moment mal, werden jetzt viele denken, selbstverständlich setze ich mich in meiner Freizeit auch mit anderen Meinungen auseinander. Schließlich führe ich doch spannende Gespräche mit Freunden und auch mal ein Streitgespräch. Ganz zu schweigen von der ewigen Diskussion um den Abwasch mit Schatzi ...«

Das stimmt und das zählt auch, aber die Auseinandersetzungen, die wir während unserer Arbeit führen, sind anders. Sie haben eine andere Qualität. Sie sind wesentlich unbequemer. Wie oft würden wir etwas gerne vollkommen anders machen als der Kollege? Und wie oft halten wir unsere Chefin für komplett unfähig, verstehen es aber trotzdem, uns an ihre Anweisungen zu halten? Das fühlt sich nicht gut an, aber wenn wir richtig mit diesen Herausforderungen umgehen und sie annehmen, dann ist unser Gehirn davon begeistert. Denn es muss nach Lösungen suchen. Es muss sich neue Denkmuster einfallen lassen, um mit der Konfliktsituation umzugehen – wenn wir uns zum Beispiel eine Lösung für ein Problem überlegt haben, wir dann aber einen anderen Weg umsetzen müssen, von dem wir nicht so überzeugt sind. Der Witz an solchen Problemen ist, dass es für unser Gehirn immer einen positiven Effekt hat. Wenn der Lösungsweg, den wir nehmen mussten, funktioniert, dann haben wir etwas gelernt. »Super!«, denken unsere grauen Zellen und freuen sich, denn das Problem wurde gelöst: Toll! Und wenn der vom Chef verordnete Weg nicht geht? Nun kommt das Paradoxe: Das Gehirn bekommt wieder einen positiven Impuls, denn es erhält Bestätigung für seine ursprüngliche Idee. Klar, solche Konstellationen ereignen sich auch in der Freizeit, aber eben nicht in dieser Häufigkeit und Form. Es ist eher selten, dass wir in der Freizeit Dinge tun, die wir eigentlich nicht wollten.

Für unser Gehirn ist Arbeit nicht nur Arbeit. Arbeit ist für unser Gehirn immer ein Vergnügen! Insbesondere Arbeit, die wir nicht mögen, denn Widerspruch fordert uns heraus. Der ganze Kopf ist gefordert und wir können uns vor uns selbst und auch vor anderen als Held des Alltags positionieren. Erleben und Überleben sind keine Gegensätze für unsere grauen Zellen. Sie gehen Hand in Hand. Ohne Herausforderungen gehen wir irgendwann ein wie ein Primelpott, der nicht genügend Wasser bekommt.

Wenn du also deiner nächsten Herausforderung begegnest: Nimm sie an! Du musst dabei nicht zwingend blendend gelaunt sein. Das bin ich übrigens auch nicht, wenn meine Lektoren mir ganze Buchpassagen umschreiben oder streichen, aber ich weiß, dass die Reibung, die in solchen Momenten entsteht, neue Energie erzeugt. Und jede neue Energie lässt Dinge entstehen, die uns entweder neue Türen öffnen oder unser Hirn trainieren. Wir gewinnen. So oder so!

2.
Das kann doch nicht alles sein: Was Arbeit für uns leisten soll

Doch wenn du lachst
Kann ich es sehen
Ich seh' dich
Mit all deinen Farben
Und deinen Narben
Hinter den Mauern
Ja ich seh' dich
Lass dir nichts sagen
Nein, lass dir nichts sagen
Weißt du denn gar nicht
Wie schön du bist?«

Sarah Connor, deutsche Sängerin, aus *Wie schön du bist*

Alles in allem scheint Arbeit also einen großen Teil unserer psychologischen Grundbedürfnisse zu befriedigen. Sie sorgt für Zugehörigkeit und auf die eine oder andere Weise auch für Wertschätzung. Und sie befriedigt unser Bedürfnis nach Status. Zumindest wird durch Arbeit die Möglichkeit eröffnet, den persönlichen Status zu erhalten und im besten Fall sogar zu erhöhen. Eigentlich könnte man sagen: Okay, das reicht doch schon mal aus. Oder nicht?

»Nein«, lautet denn die Antwort für viele Menschen. Die Erwartungen an unsere Arbeit sind nämlich oft noch ganz andere. Sonst würden wir ja viel mehr Menschen treffen, die uns sagen: »Okay, mein Job ist scheiße, aber er bringt mir genug Kohle und deckt meine psychologischen Grundbedürfnisse ab.« Es scheint eher so zu sein, dass für nicht wenige Zeitgenossen ihre Arbeit die Hölle ist. Ein einziger Weg der Tränen und Frustrationen ohne Ausweg. Kein Wunder, sind ihre Erwartungen an die Zeit, die sie mit ihrer Arbeit verbringen, oft genug unermesslich hoch. Ähnlich wie in Partnerschaften der Partner den Auftrag hat, uns glücklich zu machen, so muss auch der Job ein Traumjob sein. Wie so oft scheitern wir nicht an der Realität. Wir scheitern an unseren Erwartungen. Dazu später mehr.

In der Regel stellen wir uns nicht hin und freuen uns montagmorgens einen Ast, dass wir endlich wieder unseren Status erhalten dürfen und dass wir endlich wieder die Gelegenheit haben, unsere Zugehörigkeit zu sichern ... Wir wollen mehr! Wir wollen vor allem Wertschätzung! Und Wertschätzung ist wesentlich diffiziler, denn es kommt natürlich auch extrem auf den Vorgesetzten und die Kollegen an, ob wir Wertschätzung überhaupt spüren. Gesellschaftliche Wertschätzung erfahren wir auch nicht auf ganz direkte Art und Weise. Wir würden nur merken, wenn sie fehlt, aber dass sie da ist, bemerken wir nicht aktiv. Ähnlich wie wir nicht täglich glücklich sind, dass wir Luft zum Atmen oder frisches Trinkwasser haben. Das ist halt so.

Wir erwarten von unserer Arbeit noch etwas mehr als solche Selbstverständlichkeiten. Schließlich sollen wir doch mehr vom Leben wollen. Und das tun wir auch. Wir wollen mehr! Wir wollen uns entfalten und gestalten. Wir wollen die Architekten unseres Selbst sein. Doch was erwarten wir von unserem Job? Was ist realistisch und was nicht? Erwarten wir überhaupt die richtigen Dinge? Und können wir die Erwartungen steuern oder sind wir gar hilflos dem Diktat unserer Gene ausgeliefert?

Resonanz – Ohne die anderen kein Ich ... [6]

Denkt an die Tage, die hinter uns liegen
Wie lang wir Freude und Tränen schon teilen
Hier geht jeder für jeden durchs Feuer
Im Regen stehen wir niemals allein
Und solange unsere Herzen uns steuern
Wird das auch immer so sein.

Andreas Bourani, deutscher Singer/Songwriter,

aus *Ein Hoch auf uns*

In der Soziologie gehen einige Experten davon aus, dass es ein weiteres Grundbedürfnis des Menschen gibt: das Bedürfnis und/oder das Streben nach Resonanz (Rosa 2016). Aber was ist das überhaupt? In der Musik und in der Physik beschreibt der Begriff Resonanz, dass ein Körper Schwingungen erzeugt und so einen anderen Körper zum Mitschwingen veranlassen kann. So macht man sich musikalisch das physikalische Prinzip zunutze. Nicht nur bei Instrumenten wie Gitarren oder Geigen, auch bei der menschlichen Stimme spielt der Resonanzraum eine entscheidende Rolle. Aber was können wir unter Resonanz als psychologischem Grundbedürfnis verstehen? Ganz einfach, Menschen haben das Bedürfnis, mit anderen mitzuschwingen, mit anderen in Resonanz zu gehen. Jeder, der einmal ein gutes Gespräch geführt hat, weiß das aus eigener Erfahrung. Wir antizipieren die Worte unseres Gegenübers und wissen oft schon, was der andere sagen will. Nicht genervt wie bei einem Streitgespräch, sondern in fröhlichem Einklang. Im Streitgespräch geschieht übrigens das genaue Gegenteil: Wir denken, wir wüssten, was der andere sagen will, aber weil die Resonanz fehlt, wissen wir es eben nicht. Es entsteht kein Austausch. Auch das kennen wir aus eigener Erfahrung, wenn uns jemand ins Wort fällt und überhaupt nicht auf das eingeht, was wir gerade gesagt haben. Wir selbst machen das auch, nur fällt es uns bei anderen eher auf, wenn es an Empathie mangelt und sich dadurch keine Resonanz einstellen will.

Im Prinzip ist die Resonanzerfahrung nichts anderes, als etwas zu geben und etwas zurückzubekommen. Im positiven Sinne selbstverständlich. Resonanzerfahrung ist im Grunde nichts anderes, als das eigene Tun im Außen wiederzuentdecken. Und das löst Glücksgefühle in uns aus. In einem guten Gespräch entdecken wir uns im anderen. So erfahren wir, dass unsere Meinung etwas wert ist, dass sie okay ist. Aber es sind nicht nur diese Eins-zu-eins-Erfahrungen mit anderen Menschen. Wenn wir unser Hobby ausüben, wenn wir am Meer sitzen, eine Bergtour machen oder wenn wir mit anderen gemeinsam singen: All das löst Resonanzerlebnisse in uns aus.

Tatsächlich ist es sogar so, dass Resonanzerlebnisse wie das Singen in einem Chor uns nachweislich gesünder und glücklicher machen. Beim Singen kommen sicherlich noch andere Faktoren hinzu, aber gerade das gemeinsame Resonanzerlebnis scheint zu dem gesundheitsfördernden Effekt beizutragen. Vielleicht kommt daher auch der Ausdruck »Wir sind auf einer Wellenlänge«.

Bei der Frage, wie wir nun Resonanzerlebnisse erzeugen, ist es ein wenig wie mit dem Huhn und dem Ei. Ist es unser Tun, welches Resonanz erzeugt, oder erzeugt Resonanz glückliches Tun? Resonanz hat auf jeden Fall immer auch etwas mit unserem eigenen, ganz individuellen Glück zu tun. Wir alle kennen diese tollen Momente, egal ob bei der Arbeit oder in der Freizeit, in denen wir Resonanz erleben, und sofort sind wir bestrebt, diesen Moment zu vervielfältigen. Aber das klappt in der Regel nicht. Wer seinen Lieblingssong in einer Endlosschleife hört, der wird ihn bald hassen wie die Pest. Und wer jeden Tag sein Lieblingsgericht isst, bewegt sich jeden Tag weiter weg vom Ursprungserlebnis. Auch ein Traumurlaub ist nicht wiederholbar, auch wenn wir jedes Jahr an den gleichen Ort zurückkehren … Resonanzerlebnisse haben also auch immer etwas mit dem Bewältigen von kleinen und großen Herausforderungen zu tun. Und sie lassen sich aus unserer komplexen Welt nicht einfach herausschälen und isoliert in einer Petrischale betrachten. Was Resonanz im psychologisch-soziologischen Sinn vor allem immer wieder braucht, ist das Neue, das Unbekannte.

Tatsächlich ist es sogar so, dass wir uns selbst ohne Resonanz noch nicht einmal wirklich einschätzen können. Wir erfahren unser Selbst immer nur in der Interaktion mit anderen. Ja, der Trend zum Schweigekloster scheint eine andere Erklärung zu geben, aber das ist nur auf den ersten Blick der Fall. Aktuell leiden wir ja eher an einer Reizüberflutung und dadurch an Resonanzarmut. Wir treten gar nicht mehr in Resonanz miteinander. Bevor es tatsächlich zu Resonanzerlebnissen kommt, sind wir mit unseren Gedanken schon wieder woanders. Wir senden zu viel und empfangen zu wenig. Das geht so weit, dass wir häufig nicht einmal mehr im Sendemodus

Wer viel sendet
und wenig empfängt, ist
arm: resonanzarm.

sind. Wir sind im Aufmerksamkeitskonsum-Nirwana gefangen. Wer einen Film schaut und gleichzeitig auf seinem Handy Facebook, Twitter, Snapchat und WhatsApp checkt, macht gar keine neuen Erfahrungen mehr. Das ist reiner Medienkonsum, der in Bezug auf Resonanzerfahrungen schlicht ins Leere führt. Wir erfahren uns dadurch nicht und andere auch nicht. Auch wenn wir tatsächlich einmal zur Ruhe kommen, beispielsweise bei einem Schweigeseminar, treten wir noch nicht wirklich in Resonanz mit dem Außen, aber wir machen den ersten Schritt, indem wir erst einmal wieder bei uns selbst ankommen. Ich glaube nicht, dass wir zwingend solche Erfahrungen brauchen, da wir eigentlich genügend Möglichkeiten zur Besinnung haben. Wenn diese aber ungenutzt bleiben und wir unseren Geist immer mehr in den passiven Konsummodus bringen, halte ich eine Schweigezeit beziehungsweise einen Entzug von Medienkonsum für hilfreich.

Eigentlich reicht es aus, das Handy einfach jeden Sonntag komplett auszumachen. Wenn uns jemand erreichen will, haben wir einen Festnetzanschluss, und wenn nicht, dann eben nicht. Es ist noch gar nicht so lange her, da hatten wir keine Mobiltelefone und erst recht keine Smartphones und wir sind – oh Wunder – tatsächlich nicht gestorben. Das bedeutet nicht, dass wir nicht auch ohne Handy gestresst und abgelenkt sein könnten. Es bedeutet lediglich, dass ein Leben ohne diese Technikspielzeuge möglich ist. Eine Erfahrung übrigens, die alle meine Seminarteilnehmer in meinen Seminaren machen: kein Handy während der Dauer des Seminars. Beim ersten Seminar sind die Teilnehmer noch in wildem Aufruhr. Diejenigen, die öfter dabei sind, machen ihre Handys schon aus, wenn sie ankommen, und freuen sich über die entspannte Zeit. Lustig ist allerdings zu sehen, wie die Dinger sofort wieder angeknipst werden und die eingegangenen Nachrichten gecheckt werden, sobald das Seminar vorbei ist.

Nun kann man einwenden, dass Facebook, WhatsApp und Xing ja durchaus dazu geeignet sind, Resonanz zu erzeugen. Die Aussage ist zunächst zutreffend, allerdings ist es Resonanz aus zweiter Hand. Sie ist immer gefiltert. Hinzu kommt noch, dass wir Menschen prinzipiell Ganzkörper-kommunikatoren sind. Wir kommunizieren mit dem ganzen Körper und wir empfangen auch – wenn wir nicht völlig stumpf sind – alle Körper-signale unseres Gegenübers. Über Handys, E-Mail und soziale Medien geht der größte Teil der Botschaft und damit unseres Resonanzspielraums ver-loren. Aber nicht nur das: Wir kommunizieren auch noch zeitlich versetzt. Das heißt, in dem Moment, in dem ich mich mit etwas befasse, ist mein Resonanzpartner gar nicht unbedingt auf Sendung beziehungsweise auf Empfang. Soziale Medien bieten damit keinen Resonanzspielraum, keine Möglichkeit, miteinander ins Schwingen zu kommen. Im Gegenteil: Zwi-schen Senden und Empfang stehen oftmals bange Minuten oder Stunden, in denen wir uns fragen, wo denn die Reaktion, die Resonanz bleibt. Und wenn sie ausbleibt, geht unser Gehirn auf Spekulationstour, weil ihm das Resonanzerlebnis verwehrt wurde. Eine Situation, die wir in unserem Job häufig erleben! Diese lässt sich aber ganz einfach mit dem Griff zum Tele-fonhörer oder mit einem Gang über den Flur zum Ansprechpartner lösen. Wie heißt es in einem millionenfach gelikten Facebook-Post so schön: »Wir haben kein WLAN. Tut so, als wäre es 1995, und sprecht miteinander!« Sehr schön, denn Resonanz zwischen zwei Menschen entsteht nur bei einer Kommunikation, die nicht zeitlich versetzt ist.

Also, halten wir für unsere Erwartungen an unsere Arbeit fest: Wir wol-len und wir brauchen Resonanz. Es tut uns gut, wenn wir spüren, dass wir mit anderen verbunden sind. Wir wollen mit anderen zusammenwirken wie die Geige, der über ihren Resonanzkörper eine Melodie entspringt, dadurch, dass Töne beim Streichen erzeugt und durch das Drücken der Saiten geformt werden. Wir müssen nur darauf achten, dass wir Resonanz nicht verhindern, indem wir technische Filter vor unsere Kommunikation schalten. Und wenn unser Kommunikationspartner technische Filter nutzt, dann müssen wir es übrigens nicht auch tun. Es ist sehr befreiend, die Filter einfach wegzulassen und den Weg ins Büro des anderen zu gehen oder zumindest den Telefonhörer in die Hand zu nehmen. Der angenehme Nebeneffekt: Direkte Kommunikation spart auch noch Zeit.

Selbstwirksamkeit – Ich wirke, also bin ich [7]

I feel it comin' together
People will see me and cry (fame!)
I'm gonna make it to heaven
Light up the sky like a flame (fame!)

Irene Cara, US-amerikanische Popsängerin, aus Fame

Das Thema »Resonanzerfahrung« kommt manchem vielleicht schon etwas zu esoterisch vor. Dabei ist das Konstrukt viel bodenständiger, als es auf den ersten Blick erscheint, denn im Grunde ist es mit einem weiteren wichtigen Bedürfnis verknüpft: dem Wunsch nach Selbstwirksamkeit. Das psychologische Konzept der Selbstwirksamkeitserwartung wurde in den Siebzigerjahren des letzten Jahrhunderts vom kanadischen Psychologen Albert Bandura entwickelt und als Selbstwirksamkeitstheorie (Bandura 1977) vorgestellt. Es gilt bis heute als ein Grundpfeiler der modernen Psychologie. Im Prinzip sagt Bandura, dass es wichtig ist, sich selbst etwas zuzutrauen. Das klingt zunächst einmal ziemlich banal. Doch wie so oft im Leben: Das Banale, das einfache und unscheinbare Detail, ist bei genauer Betrachtung extrem komplex. Die Preisfrage ist nämlich: Wofür ist Selbstwirksamkeit wichtig? Der Kanadier formulierte, dass eine hohe Selbstwirksamkeitserwartung Auswirkungen auf alle Lebensbereiche hat. Lernfähigkeit, Risikobereitschaft, Handlungsmotivation und das Meistern von Herausforderungen hängen entscheidend von der Selbstwirksamkeitserwartung einer Person ab. Und damit auch, wie erfolgreich sie ihr Leben meistert. Menschen mit einer hohen Selbstwirksamkeitserwartung nehmen ihr Schicksal in die eigenen Hände. Sie sind aktiv und in der Regel der Meinung, dass sie erreichen können, was sie wollen. Bei einer geringen Selbstwirksamkeitserwartung ist es genau umgekehrt. Solche Menschen sind Opfer der Umstände und in der Regel haben sie nicht das Gefühl, ihr Schicksal ändern zu können.

Selbstwirksamkeit ist das Gefühl, das Schicksal ändern zu können.

Zusammengefasst ist Selbstwirksamkeitserwartung das Zutrauen in die eigenen Fähigkeiten. Dabei hat eine Person durchaus unterschiedliche Selbstwirksamkeitserwartungen, basierend auf ihren bisherigen Erfahrungen. Ein Beispiel: Wer die Erfahrung gemacht hat, Spaß beim Tanzen zu haben, und dafür von seiner Umwelt positive Rückmeldungen erhalten hat, der wird mehr Freude beim Tanzen entwickeln, vielleicht sogar verschiedene Kurse besuchen und damit noch mehr positive Resonanz erfahren. Wer hingegen eine negative Verknüpfung mit seiner ersten Tanzerfahrung hat, der wird sich so schnell nicht wieder auf die Tanzfläche trauen und hat damit sehr viel weniger Chancen auf positive Erfahrungen. In der Regel wird es sogar schlimmer, denn diejenigen mit den positiven Erfahrungen werden auch noch immer besser in dem, was sie tun. So baut sich eine »Das schaffe ich nie«- oder eine »Ich bin eben nicht so«-Vorstellung auf. Wichtig ist vor allem eines: Niemand hat in allen Lebensbereichen eine sehr hohe oder sehr niedrige Selbstwirksamkeitserwartung. Für die meisten Zeitgenossen gilt, dass ihre Selbstwirksamkeit in bestimmen Bereichen sehr hoch und in anderen eher niedrig ist. Das hängt mit unseren Erfahrungen und Prägungen zusammen. Wir sind in Bezug auf unsere Selbstwirksamkeit im ersten Moment Gefangene unserer Vorerfahrungen. Vereinfachend lässt sich sagen, dass wir insgesamt eine positive Selbstwirksamkeitserwartung haben, wenn die Summe der gemachten Selbsterfahrungen insgesamt positiv ist. Optimisten, Glückspilze und Erfolgstypen haben damit als verbindendes, gemeinsames Merkmal eine hohe Selbstwirksamkeitserwartung. Natürlich stellt sich in diesem Zusammenhang die Frage nach dem Huhn und dem Ei, aber die Wahrscheinlichkeit ist extrem hoch, dass am Anfang immer eine positive Erfahrung stand, die immer weiter ausgebaut wurde. Wir sind nicht nur, was wir sein wollen, sondern wir sind zunächst einmal die Summe unserer Erfahrungen.

Der Bezug zum eigenen Job ist da natürlich nicht weit. Unsere Arbeit sorgt dafür, dass wir Selbstwirksamkeit erleben. Das ist erst einmal weder positiv noch negativ, sondern neutral mit leicht positiver Tendenz. Positiv, weil wir einen Beitrag zu etwas leisten. Wir gehören zu etwas, zur Gruppe der arbeitenden Menschen, die unsere Gesellschaft prägt. Auch wenn das nicht unbedingt direkt zu Jubelgesängen Anlass gibt, ist es doch mehr, als Arbeitslose und Hartz-IV-Empfänger erleben. Arbeitslosigkeit raubt uns einen großen Teil an Möglichkeiten, Selbstwirksamkeit zu erleben. Das ist dramatisch, denn eine Abwärtsspirale wird so wesentlich wahrscheinlicher. Der Verlust des Jobs ist die erste negative Selbstwirksamkeitserfahrung in dieser Spirale. Ein negatives Erlebnis, mit dem man vielleicht nicht einmal gerechnet hat. Darüber hinaus entfallen automatisch die positiven Selbstwirksamkeitserfahrungen, die man vorher nicht einmal bemerkt hat. Dopaminentzug setzt ein und damit hält Schwermut Einzug. Wer es in dieser Situation nicht schafft, sich positiv bei einem Vorstellungsgespräch zu präsentieren, welchem ja in der Regel diverse Bewerbungsabsagen vorausgegangen sind, der ist weder schwach noch unfähig: der ist ganz normal! Wer den Verlust von Selbstwirksamkeit erfährt, der muss ein stabiles Umfeld, eine starke Persönlichkeit und/oder Hilfe von außen haben, um so eine Zeit zu meistern.

Natürlich bietet unsere Arbeit nicht nur positive Selbstwirksamkeitserfahrungen, auch jede Menge negative sind dabei. Diktatorische Chefs, aufmerksamkeitsgeile Kollegen und schwierige Arbeitsbedingungen kennt jeder mehr oder weniger. Allerdings sollten wir darüber nicht vergessen, dass der Grundtenor positiv ist und dass wir auch selbst ein Stück weit für unser Erleben verantwortlich sind. Auch wenn ich die »Wer will, der kann«-Parolen nicht immer schätze, aber manchmal ist es einfach an der Zeit, sich am Schopf zu packen und sich wie Münchhausen selbst aus dem Morast zu ziehen. Wer sich immer nur als Opfer sieht, wird irgendwann Opfer sein.

Statt zu fragen, warum wir montags auf dem Weg zur Arbeit immer kotzen müssen, sollten wir uns besser Fragen stellen wie: »Wie hoch ist meine Selbstwirksamkeitserwartung? Wie viele positive und wie viele negative Erfahrungen habe ich gemacht? Vielleicht ist es ja auch an der Zeit. an der eigenen Selbstwirksamkeit zu arbeiten ... Ja, dabei kann man sich durchaus eine blutige Nase holen. Die Frage ist: Wäre es nicht einen Versuch wert?«

Kreativität – Wie kreativ muss dein Job sein? [8]

There's a voice inside our soul
Calling out so we don't fall
Nothing's lost that can't be found
Ain't a thing you can't get 'round

Sasha, deutscher Sänger, aus Turn it into something special

Jeder Mensch möchte sich einbringen, gestalten und seine Kreativität entfalten. Daher ist der heutige Anspruch an viele Jobs auch, dass diese bitteschön kreativ sein sollen, denn die These lautet: Jeder Mensch ist kreativ.

Stimmt das oder ist das eine Behauptung, die vielleicht etwas zu gewagt daherkommt? Auch bei mir fängt das nervöse Lidzucken am rechten Auge immer wieder an, wenn ich diese These in meinen Seminaren kundtue. Denn ich kenne die erste Reaktion: Na ja, jetzt dreht sie völlig durch ... Selbstverständlich kennen wir alle Menschen, die sind noch langweiliger als eine Tasse Mehl. Und wir kennen auch solche – wenn wir es nicht sogar selbst sind – die sind künstlerisch noch eine ganze Ecke unbegabter als ein Sack Kartoffeln. Ja, das ist richtig. Aber Kreativität und die Lust an und der Wunsch nach Gestaltung und Entfaltung hat nicht, wie wir gemeinhin glauben, in erster Linie etwas mit Kunst im Sinne von Malen zu tun. Albert Einstein war extrem kreativ auf seinem Fachgebiet, aber er war kein Künstler wie Picasso. Okay, werden viele denken Albert Einstein ist die Ausnahme, aber diese Annahme ist falsch. Jeder Wissenschaftler ist kreativ, jeder Lehrer, der seinen Unterricht gestaltet, jede Hausfrau, die ein neues Gericht aus Resten zaubert, und jeder Landwirt, der an einer neuen Möglichkeit für artgerechte Tierhaltung auf seinem Hof tüftelt, ja selbst Sachbuchautoren sind es von Zeit zu Zeit. ;)

Bei Wikipedia findet sich folgende Definition: »Kreativität ist allgemein die Fähigkeit, etwas vorher nicht da gewesenes, originelles und beständiges Neues zu kreieren. Darüber hinaus gibt es verschiedene Ansätze, was Kreativität im Einzelnen auszeichnet und wie sie entsteht. Der Begriff ›Kreativität‹ bezeichnet im allgemeinen Sprachgebrauch vor allem die Eigenschaft eines Menschen schöpferisch zu sein, was wiederum auf seinen Ursprung aus dem Lateinischen zurückgeht. ›Creare‹ bedeutet übersetzt ›schöpfen‹. Das Schöpferische im Menschen wird deswegen meist mit Berufen oder Tätigkeiten aus den Bereichen der bildenden Kunst und der darstellenden Kunst verbunden.«

Nun kann man von Wikipedia halten, was man will, aber diese Definition deckt sich erst einmal mit der landläufigen Meinung über Kreativität. Aber wie so häufig deckt sie nur einen ganz kleinen Teil des Ganzen ab, hat aber den Anspruch, alles zu umfassen. Nichtsdestotrotz: Es fehlt das Wesentliche.

Kreativität ist viel mehr oder sogar etwas anderes, als »nur« umwerfende Bilder zu malen, atemberaubende Statuen zu erschaffen oder hinreißende Musik zu komponieren. Und auch der Teil, in dem es um etwas nicht da gewesenes, originelles und beständig Neues geht, widerspricht sogar dem eigentlichen Wortstamm von Kreativität. Denn wenn der Begriff tatsächlich von »creare = schöpfen« stammt, dann muss die Frage erlaubt sein: Woraus denn bitte schöpfen? Professor Tilo Staudenrausch – ein ausgewiesener Experte für Kreativität und Autor des Buches *Organisierte Kreativität* – kommt zu dem Schluss, dass Kreativität ohne Wissen und nur aus dem Wunsch heraus, kreativ zu sein, weder sinnvoll noch wünschenswert ist. Als Kreativer und Kundiger geißelt er regelrecht den falschen Mythos, Kreativität sei etwas, das aus dem Nichts Neues schöpfen könne. Er sieht darin eher die Ausrede von Schülern und Studierenden, um sich nicht der Mühsal des Lernens aussetzen zu müssen.

*Kreativität hat viel
mit Wissen zu tun und
wenig mit Talent.*

Für ihn ist auch der Mythos, dass Kreativität bedeute, auf wundersame Weise Neues zu erschaffen, nicht mit der Welt kreativer Menschen zu verbinden. Die abgeleitete Forderung nach Kreativität wird so für nicht wenige Menschen zur Bedrohung, denn sie denken dann:»Das könnte ich nie. Ich bin eben nicht kreativ.« Das ist Quatsch! Denn wo man etwas schöpfen kann, da ist in aller Regel vorher etwas hineingelangt! Aus einem Brunnen wird Wasser geschöpft und das ist dort auch irgendwie hineingelangt. Am besten funktioniert eigentlich der Vergleich mit einem Suppentopf, aus dem Suppe geschöpft wird. Die einzelnen Zutaten kamen ja auch irgendwie in den Topf. Und irgendwie wurde dann eine Suppe daraus ...

Im Prinzip geht es darum, die eigene Kreativität zu finden und auszubauen, die eigene Suppe zu kochen. Bei mir hat es auch eine Weile gedauert, bis ich erkannt habe, dass meine kreative Begabung weder im Schreiben von Geschichten noch im Kreieren von Werbekampagnen liegt, sondern in der neuen Zusammenstellung, Darstellung und der Aufbereitung von wissenschaftlichen Fakten.

Rainer Holm-Hadulla, Professor für psychotherapeutische Medizin, sagte 2013 in einem Zeit-Interview:»Alles ist schon einmal gedacht worden. Es gibt keinen Künstler, der etwas aus dem Nichts schafft, selbst so große Revolutionäre wie Pablo Picasso nicht. Er hat in langem, ritualisiertem Üben eine Menge von künstlerischen Formen erlernt und dann mit seiner souveränen Technik das Neue aus dem Alten entbunden. Neurobiologisch gibt es keinen Cocktail ohne gute Zutaten, das heißt: Ohne erlerntes Wissen und Erfahrungswissen entstehen keine neuen und brauchbaren Kombinationen dieses Wissens.« (Holm-Hadulla 2007).

Schaffensdrang beginnt schon recht früh im Kindesalter. Eltern können ein Lied davon singen, wenn die Kleinen zum ersten Mal Papier und Buntstifte entdeckt haben, dann kennt die Schaffensphase keine Grenzen. Kreativität scheint uns also in die Wiege gelegt zu sein. Vielleicht steckt schon eine erste Ahnung von Selbstwirksamkeit – die Idee, selbst etwas zu erschaffen – hinter diesen frühkindlichen Ausbrüchen. Auch in der Phase des Spracherwerbs geht es richtig rund, wenn erste eigene Wortschöpfungen – von denen alle Eltern berichten können – auf den Plan treten. Mein Sohn stürmte mir irgendwann im Kindergartenalter mit seinem Holzschwert und den Worten »Jetzt verschwerter ich dich« entgegen. Ich finde bis heute diese Wortschöpfung unglaublich kreativ und in sich logisch. Eltern erleben in dieser Phase hautnah, wie sich das Gehirn entwickelt. Unsere graue Masse ist von Anfang an flexibel und entwicklungsbereit, sodass sich das Organ selbst organisieren und ständig mit seiner Umwelt austauschen kann. Echte Kreativität ist das, was unsere Kinder uns vorleben, aber noch nicht. Es ist Lernen und Umsetzen, mit anderen Worten: logisches Verarbeiten. Mir ist klar, dass sich in vielen Lesern jetzt Widerstand regt. Nehmen wir das Beispiel meines Sohnes: Seine Wortschöpfung war nicht kreativ, denn sie war eine logische, grammatikalische Verarbeitung eines neuen Wortes, welches er noch nicht kannte. Kreativität ist im Gegensatz dazu eine Neuschöpfung aus Bekanntem. Nicht wie bei meinem Sohn ein Hochinterpolieren von Unbekanntem.

Damit sind wir nun schließlich und endlich im Gehirn angekommen. Allerdings steckt die Wissenschaft in puncto Kreativität noch in den Kinderschuhen, denn kreative Prozesse lassen sich nicht so einfach einfangen. Sie sind flüchtig und vor allem sind sie nicht planbar. Eines steht jedoch auf jeden Fall schon einmal fest: Die noch in vielen Schul- und Lehrbüchern zu findende Annahme, dass die linke Gehirnhälfte die rationale und die rechte Gehirnhälfte die kreative sei, ist widerlegt. Wissenschaft ist eben immer nur der letzte Stand des Irrtums. 2012 legten Forscher der University of Southern California Probanden unter den Hirnscanner. Die Aufgabe: aus verschiedenen, vorgegebenen Formen in ihrer Vorstellung ein Gesicht zu kreieren. Das Ergebnis war eindeutig: Die rechte Hirnhemisphäre war aktiver, aber auch die linke war mehr involviert als bei nicht-kreativen Aufgaben. Fazit: Kreativität braucht beide Seiten der grauen Masse zwischen den Ohren. Und das ganz und gar! Sicher ist sich die Forschung aktuell nur, dass bei kreativen Prozessen die unterschiedlichsten Hirnregionen beteiligt sind. Aber bisher konnte keine Region für Kreativität ermittelt werden. Ein Kreativitätszentrum scheint es also im Kopf nicht zu geben. Eine Ausnahme ist der präfrontale Cortex im Stirnhirn. Die Psychologen Arne Dietrich und Riam Kanso von der American University of Beirut kamen 2010 zu dem Ergebnis, dass dieser Bereich in höherem Maße für das kreative Denken verantwortlich ist. Das ist nicht erstaunlich, ist der präfrontale Cortex doch für relativ viele komplexere geistige Prozesse mitverantwortlich. Allerdings bemerkten die Forscher auch, dass die Kreativität auch manchmal ohne ihn auskommt. (Heuser 2013)

Eines ist allerdings klar: Wenn wir eine gute Idee haben, dann ist das ein gutes Gefühl. Das kennt jeder. Vielleicht hat nicht jeder sofort den Mut, die Idee auch in die Welt hinauszuposaunen, aber eine gute Idee fühlt sich auf jeden Fall schon mal gut an. Und wenn sich etwas gut anfühlt, dann ist immer unser Belohnungs- und Motivationssystem am Start. Entwicklungsgeschichtlich macht das durchaus Sinn. Jeder, der sich schon mal gefragt hat, wie die Feuersteins eigentlich darauf gekommen sind, Fleisch zu braten und es so für den menschlichen Organismus bekömmlicher zu machen, wird diesen Gedanken zumindest einmal nicht ganz falsch finden. Neue Ideen waren und sind der Grund für den menschlichen Fortschritt – gepaart mit Neugier eine unschlagbare Kombination.

Ein mächtiger Aspekt in diesem Zusammenhang ist, dass wir durch unsere Kreativität Selbstwirksamkeit erleben. Ich erkenne mich selbst in dem, was ich tue, beziehungsweise in dem, was ich erschaffe. Mein Selbst wird wirksam. Menschen wollen sich einbringen. Sie wollen gestalten. Prof. Dr. Gerald Hüther bezeichnet »Entfaltung und Gestaltung« als menschliches Grundbedürfnis. Statt mit falschen Vorstellungen von Kreativität zu verlangen, dass unsere Tätigkeit kreativ sein soll, wäre es deutlich sinnvoller, zu fordern, dass wir uns bei der Arbeit entfaltend und gestaltend einbringen können.

Und wenn wir ehrlich sind, dann ist schon der Aufbau eines Ikea-Regals tatsächlich kein stumpfes Nachbauen. Die Anleitungen werden in der Regel ohnehin von vielen Kunden nicht verstanden und die Bausätze sind oft auch noch unvollständig. Das Bauen eines Möbelstückes ohne Anleitung mag für manche noch keine kreative Leistung sein, aber es ist ein Schritt, gestaltend tätig zu sein. Wir erinnern uns: »Kreativität ist allgemein die Fähigkeit, etwas vorher nicht da gewesenes, originelles und beständiges Neues zu kreieren …« Selbst wenn es sich um »vorgefertigte« Kreativität handelt, so ist doch ein kleiner eigener Funke enthalten. Und jeder hat das innere Bedürfnis, seiner Individualität und seiner eigenen Kreativität Ausdruck zu verleihen. Frauen dekorieren die Wohnung und Männer tunen ihre Autos, und das so individuell und kreativ wie möglich. Wir wollen unserer Individualität in irgendeiner Form Gestalt verleihen. Wenn das nichts mit Kreativität zu tun hat, dann weiß ich es auch nicht. ;)

Akzeptieren wir, dass es ein menschliches Grundbedürfnis nach Kreativität, Entfaltung und Gestaltung gibt, dann muss Arbeit nicht kreativ im künstlerischen Sinne sein, aber es sollten Freiräume zum Ausleben des eigenen Gestaltungswillens bestehen. Jede Form von stoischem »Abarbeiten« und »Ausführen von Anweisungen« ist gegen die menschliche Natur gerichtet und begünstigt mit hoher Wahrscheinlichkeit gelegentliche bis häufige Montagsübelkeit.

Werden Kreativität und das Bedürfnis nach Entfaltung unterdrückt oder nicht berücksichtigt, hat dies nachweislich sogar gesundheitliche Konsequenzen. Diese Erkenntnis ist übrigens nicht so neu. Schon 1976 stellte Ellen J. Langer – Professorin an der Harvard University – gemeinsam mit ihrer Kollegin Judith Rodin fest, dass mangelnde Gestaltungsmöglichkeiten nicht nur fatale gesundheitliche Folgen haben können, sie können sogar eine deutlich niedrigere Lebenserwartung mit sich bringen. Die beiden Wissenschaftlerinnen erforschten in ihrer Studie die Auswirkungen minimaler Gestaltungsmöglichkeiten auf den Alterungsprozess. Dazu unterteilten sie Bewohner von Seniorenheimen in zwei Gruppen. Die eine Gruppe sollte Zimmerpflanzen pflegen. Dabei ging es nicht nur um stumpfes zweimaliges Gießen pro Woche. Es ging auch darum, den besten Platz für die Pflanzen zu finden und sie entsprechend zu pflegen. Darüber hinaus wurde diese Gruppe ermutigt, ihr Leben und ihre Umwelt zu gestalten. Beispielsweise sollten die Gruppenmitglieder darüber entscheiden, wo sie ihren Besuch empfangen wollten und welche Filme sie sehen wollten.

Der anderen Gruppe, der Kontrollgruppe, wurde gesagt, sie bräuchte sich um nichts zu kümmern, das Personal würde alles für sie erledigen. Achtzehn Monate später war die aktive Gruppe nicht nur vitaler, geistig fitter und gesünder, sogar die Sterblichkeitsrate dieser Senioren war 50 Prozent (!) niedriger als in der inaktiven Gruppe. Die Schlussfolgerung liegt auf der Hand: Wird das neurobiologische Bedürfnis nach Entfaltung und Gestaltung, der Drang nach Selbstwirksamkeit nicht befriedigt, hat dies dramatische Auswirkungen auf unser Wohlbefinden und unsere Gesundheit. Und wer einigermaßen pfiffig ist und schnell eins und eins zusammenzählt, kann sich vorstellen, dass in den meisten Jobs dieser Aspekt kaum eine Rolle spielt. Welcher Büroangestellte darf denn tatsächlich mitgestalten? Häufig dürfen sie nicht einmal die Büropflanzen aussuchen, geschweige denn gießen! Das macht nämlich die dafür zuständige Abteilung.

Aber was tun, wenn man in einem dieser durchgestylten Großraumbüros sitzt, in denen sich monatlich der einbestellte Zimmergärtner um die Pflanzen kümmert? Oder was tun, wenn man in einem Schnellrestaurant in der Küche arbeitet und nach genauen Anweisungen den Tag mit dem Braten von Hamburgern nach penibler Tätigkeitsvorgabe verbringt?

Bring dich ein! Hä? Was soll ich? Übernimm die Initiative! Suche eine Möglichkeit, dich einzubringen. Schau' einfach, was verbessert werden könnte und dann schreibe ein Konzept dafür mit Idee, Umsetzungsplan und Kosten. Das ist hochkreativ und macht Spaß. Außerdem wird dein Gehirn es super finden, sich zwischendurch mal mit einem artfremden Thema zu befassen.

Während ich das schreibe, kann ich förmlich die Chöre hören: »Das bringt doch nichts. Da wird sich bei mir in der Firma überhaupt nichts ändern.« Das mag sogar sein, aber im ersten Schritt geht es noch gar nicht um die tatsächliche Veränderung. Es geht darum, kreativ seinen Kopf zu benutzen. Und diese Form der Arbeit ist kreativ. Und noch besser: an ihr kann dich niemand hindern. Wer jetzt davon ausgeht, dass es nichts bringt, und gar nicht erst anfängt, der kann sich in die Ecke der ewigen Jammerer setzen. Denn wer nicht bereit ist, gegen ein paar Wände zu laufen, der wird den Rest seines Berufslebens in der Riege der Montagshasser marschieren. Das ist eine Entscheidung, die jeder für sich treffen muss. Will ich etwas ändern oder nicht? Lautet die Antwort Ja, dann gehört die Bereitschaft zum Scheitern dazu. Und zwar nicht nur einmal. Freiraum musst du dir erobern. Er wird dir nicht geschenkt.

Und noch eine schlechte Nachricht, die eigentlich keine ist: Hör auf, ein unrealistisches Bild von deiner Arbeit zu haben!

Wer im Außendienst Aufbackbrötchen verkauft, kann eben keine Kunst schaffen wie Picasso. Zumindest nicht in seinem Job. Wir müssen wieder lernen, die Kunst der kleinen Schritte zu gehen.

Gestalte deinen Arbeitsplatz, gestalte deine Kundenbeziehungen, gestalte das Miteinander mit deinen Kollegen!

Allerdings muss auch jeder, der sich Spielräume schafft, damit rechnen, dass es Gegenwind gibt. Kreativität zu leben, auch in kleinen Schritten, erfordert immer Mut. Wer Dinge anders macht, muss damit rechnen, dass immer jemand dagegen ist.

Die gute Nachricht: Bist du mit deinem Weg erfolgreich, dann werden die Gegner weniger beziehungsweise halten die Klappe. Das Risiko des Scheiterns ist allerdings inbegriffen. Aber nur so kommst du zum Erfolg und der macht am Ende glücklich! Jammern tut es nicht. Und wenn du malen willst wie

Picasso: dann male! Deine Freizeit lässt dir genügend Raum. Und wenn du
merkst, deine Kunst kommt an, dann Attacke! Werde beruflicher Künstler!
Aber denk immer dran: Künstler kannst du auch sein, wenn du dein Geld
nicht mit Kunst verdienst.

Und für alle Führungskräfte: Lasst euren Mitarbeitern Spielraum! Schafft
Freiräume! Natürlich kann nicht jede Idee umgesetzt werden, das ist auch
den Mitarbeitern klar, aber wer gar keine Ideen umsetzt, der muss damit
rechnen, dass Mitarbeiter nur noch Dienst nach Vorschrift machen.

[9] Identität – Wenn dein Ego Probleme mit deinem Job hat

Manchmal frag' ich mich nach dem Sinn des Lebens.
Ey Mann, wo komm' ich her, wo will ich hin?
Ist das ganze Gewusel nicht vergebens
Nein, es gibt einen guten Grund, daß ich hier bin!
Ich bin hier Korkenzieher und Glühbirnenreindreher
Ich bin hier Sonntag früh am Morgen Brötchenholengeher
Ich bin der Sackhüpfer und der Abflußentstopfer
Ich bin der Nasenspray in Kindernasen Tropfer
Ich bin der Zöpfeflechter, ich bin der Mückenfänger
Ich bin der Antragsteller, ich bin der Behördengänger
Ich bin der Troubadour, der die zartesten Liebeslieder singt
Und der das Altglas zum Altglascontainer bringt.

Reinhard Mey, deutscher Liedermacher, aus *Ich bin*

Ob wir uns in unserem Job entfalten können und wie wir uns einbringen
können und dürfen, greift tief in unser Gefühlsleben ein. Einerseits, weil
unsere Arbeit ein gutes Stück unserer Grundbedürfnisse befriedigt, aber
auch, weil wir uns über unsere Arbeit definieren. Und schon wieder kann
ich beim Schreiben Widerstand spüren: Ich bin doch nicht mein Job!

Das stimmt. Aber er gehört zu unserem Identitätskonstrukt fast untrennbar dazu. Schauen wir uns dazu erst einmal an, was Identität überhaupt ist. Im Grunde haben wir ja eine Vorstellung davon, was Identität ist, und vor allem von unserer eigenen Identität. Oder nicht? Mal sehen ...

Das Wissenschaftsmagazin *Spektrum* definiert Identität wie folgt: »... Identität ist ein Akt sozialer Konstruktion: Die eigene Person oder eine andere Person wird in einem Bedeutungsnetz erfasst. Die Frage nach der Identität hat eine universelle und eine kulturell-spezifische Dimensionierung. Es geht immer um die Herstellung einer Passung zwischen dem subjektiven ›Innen‹ und dem gesellschaftlichen ›Außen‹, also um die Produktion einer individuellen sozialen Verortung. Die Notwendigkeit zur individuellen Identitätskonstruktion verweist auf das menschliche Grundbedürfnis nach Anerkennung und Zugehörigkeit. ... Identität bildet ein selbstreflexives Scharnier zwischen der inneren und der äußeren Welt. Genau in dieser Funktion wird der Doppelcharakter von Identität sichtbar: Sie soll einerseits das unverwechselbar Individuelle, aber auch das sozial Akzeptable darstellbar machen. Insofern stellt sie immer eine Kompromissbildung zwischen ›Eigensinn‹ und Anpassung dar ...« (Keupp 2000)

Aber was bedeutet das nun genau? Letztendlich geht es darum, dass wir uns ein Bild von uns selbst machen und dies mit unserem äußeren Bild abgleichen. Also mit dem, was wir von außen zurückgespiegelt bekommen. Das Ergebnis ist in der Regel immer ein Kompromiss und wir sind ständig damit beschäftigt, unsere Identität anzupassen, entweder mit unserem Verhalten oder mit unserer Vorstellung von unserer Identität. Das bedeutet nicht, dass wir unser inneres Bild ständig über den Haufen werfen, aber wir sind unbewusst bemüht, beide Bilder immer wieder in Einklang zu bringen. Ein immerwährender Prozess.

Wer sich beispielsweise als verantwortungsbewusst im Hinblick auf die Umwelt definiert, aber ein großes Auto fährt, ist täglich im Konflikt und muss diesen immer in irgendeiner Form durch einen Kompromiss lösen. Ausblen-

Ewiges Glück im Job ist ein Coaching Industrie Hochglanz Traum. Die tägliche Arbeit ist immer ein Kompromiss aus dem Möglichen und dem Machbaren.

den ist eine Option: das Ganze einfach nicht als Konflikt sehen, schließlich muss man ja von A nach B kommen. Dafür hat man sich dann vielleicht ein wirklich umweltfreundliches Auto angeschafft. Dass die Begriffe »umweltfreundlich« und »Auto« sich eigentlich ausschließen, möchte man nicht so gerne wahrhaben, denn die Autoindustrie tut hier auch ihr Möglichstes, um uns das Gegenteil zu suggerieren. Wenn ich dieser Täuschung aber nun auf die Spur gekommen bin, dann lasse ich vielleicht mein Auto öfter stehen und fahre mit öffentlichen Verkehrsmitteln zur Arbeit. Das ist zwar unangenehm und aus der Statusperspektive betrachtet nicht so cool, wie in der eigenen Nobelkarosse zu sitzen, aber ich tue etwas für die Umwelt. Es kann aber auch sein, dass der Weg zur Arbeit bei Nutzung von öffentlichen Verkehrsmitteln zwei Stunden länger dauern würde. Da ich mich aber als gute Mutter sehe und viel Zeit mit meinem Nachwuchs verbringen will, wäge ich mehr oder weniger unbewusst ab. Zeit oder Umweltbewusstsein?

Ein anderes Beispiel ist, dass ich mich vielleicht als souveränen und hilfsbereiten Menschen sehe. Allerdings laufe ich morgens auf dem Bahnhof an mindestens fünf Bettlern vorbei. Nun kann ich ja nicht jedem etwas geben. Das kann ich mir auch nicht leisten. Also gebe ich keinem was. Wo soll man denn die Grenze ziehen …? Mit dieser Argumentation löse ich meinen inneren Konflikt. Eigentlich bin ich ja hilfsbereit, aber angesichts der Bedürftigkeit, die mir entgegenschlägt, bin ich auf einmal hilflos. Damit meine Souveränität nicht den Bach runtergeht, argumentiere ich das Problem so durch, dass mein Selbstbild erhalten bleibt.

Das ist übrigens weder gut noch schlecht. So funktioniert unser täglicher Identitätsabgleich. Und wie man an den Beispielen sehr gut sehen kann, ist da eine ganze Menge Stoff für Konflikte und Selbstzweifel drin. Da ist der Weg zu unserer Arbeit nicht mehr weit. Und da stellt sich die Frage: Passt das, was wir tun, um unseren Lebensunterhalt zu verdienen, zu dem Bild, das wir von uns haben?

Als ich in der Pubertät war, habe ich meinen Vater genau an diesem Punkt immer zur Weißglut getrieben. Mein Vater war Zeit seines Lebens sehr erfolgreich für einen großen Chemiekonzern im Vertrieb tätig. Na ja, und Anfang der Achtzigerjahre war der saure Regen ein Riesenthema. Genau das Richtige für ein Pubertier, um seine Eltern so richtig aus der Reserve zu locken. Ich hab meinen Vater einfach gefragt, wie er es mit seinem Gewissen vereinbaren könnte, für einen Chemiekonzern zu arbeiten, der unsere Erde maßgeblich mitzerstört ... Da war aber was los bei uns. Mit schlafwandlerischer Sicherheit hatte ich genau den inneren Konflikt meines Vaters getroffen, der auch für ihn schwer, vielleicht auch gar nicht, zu lösen war. Natürlich war mir damals nicht klar, dass die Erwachsenenwelt nicht so funktioniert, wie ich mir das mit meinem jugendlichen Weltverbesserungsanspruch vorstellte. Mir war nicht bewusst, dass wir im Innen und im Außen ein Leben voller Kompromisse führen. Wie auch?

Identität, unser Selbst oder das Ich sind schwer voneinander zu trennen. In der modernen Psychologie spricht man daher heute vom Selbst. Die Vorstellung vom eigenen Selbst, also ein Bewusstsein dafür, dass wir als Individuum existieren, ist nicht von Geburt an da. Sie entsteht erst über einen längeren Zeitraum. Der erste Schritt ist, dass wir uns selbst mit rund achtzehn Monaten im Spiegel erkennen können, was wir ziemlich faszinierend finden. Mit der Ausprägung der sprachlichen Fähigkeiten lernen wir, dass wir eine Meinung und Wünsche haben, die nur uns gehören. Und andere haben das auch. Eine Phase, in der auch »meins« und »deins« eine große Rolle spielt. Und wie bereits beschrieben, macht die Pubertät einen weiteren, großen Teil der Ich-Entwicklung aus.

Einer der wichtigsten Entwicklungsschritte ist die Erkenntnis, Urheber der eigenen Handlungen zu sein. So weit, so gut. Das ist aber noch längst nicht alles. Wäre es so einfach, wären sich Wissenschaftler sicher nicht dermaßen uneins, wie sie es aktuell sind. Eines ist jedoch sicher. Wir sind soziale Wesen und unsere Identität hängt vom sozialen Raum ab. Womit wir wohl doch wieder beim Thema »Zugehörigkeit« gelandet wären. Nicht ganz, denn es geht wesentlich weiter.

Der Entwicklungspsychologe Michael Tomasello geht davon aus, dass das Selbstbewusstsein aus der Fähigkeit zur sozialen Interaktion resultiert. Und genau diese Fähigkeit hebt den Menschen vom Affen ab, über die eigenen Ich-bezogenen Bedürfnisse hinauszuschauen, zu kommunizieren und mit und durch andere zu lernen. Er ist der Überzeugung, dass ein Kind, welches isoliert aufwächst, sich als Erwachsener von Affen nicht unterscheiden würde. Tomasello geht sogar so weit, zu behaupten, dass sich das menschliche Bewusstsein entwickelt hat, um besser mit anderen Menschen interagieren zu können. Nur der Mensch ist in der Lage, ein gemeinsames Bewusstsein für das Außen zu entwickeln und daraus gemeinsame Schlüsse für gemeinsames Vorgehen zu ziehen. Versuche mit zweieinhalbjährigen Kindern im Vergleich zu Affenkindern bestätigen das. Motorisch haben die kleinen Menschen gegen den Affennachwuchs keine Chance, aber sobald es um Zusammenarbeit geht, hängen die Menschenkinder die Affen problemlos ab. (Tomasello 2014)

Hier schließt sich der Kreis hinsichtlich der Frage, warum wir nicht nur dazugehören wollen. Das reicht uns nicht. Wir wollen uns einbringen. Denn genau in diesem Moment erfahren wir uns selbst. Wir entdecken, wer wir sind, wo wir im sozialen Raum verortet sind, was wir wert sind ... Unser Selbstwert, unsere Identität hängen nicht nur von unserer sozialen Stellung ab, sie entstehen in der sozialen Interaktion. Vor diesem Hintergrund ist es gar nicht mehr so unlogisch, warum wir uns auf einer Gartenparty für den Beruf unseres Gegenübers interessieren und den eigenen auch kundtun wollen. Übrigens sind wir ziemlich angefasst, wenn wir jemanden nach seinem Tun befragen, dieser im Gegenzug aber nicht wissen will, was wir so machen. Schon mal aufgefallen?

Bei inneren Konflikten greift unser Gehirn gerne zu einem Trick. Es trägt den Konflikt mit sich selbst aus und tut dabei so, als ob es mehrere Identitäten hätte. Wir kennen das aus Zeichentrickfilmen, wenn zum Beispiel bei *Tom & Jerry* eine Figur einen Engel auf der einen und einen Teufel auf der anderen Schulter sitzen hat. Die beiden ringen dann, für den Zuschauer sichtbar, darum, welche Entscheidung gefällt werden soll. Wie heißt es doch in Goethes Faust so schön: »Zwei Seelen wohnen, ach! in meiner Brust.« Das ist keine Ausnahme, es ist eher die Regel.

Wenn du also hin- und hergerissen bist, für welches Unternehmen du arbeiten sollst, welchen Job du machen sollst, welche Dinge du moralisch vertreten kannst, dann geht es dir wie fast allen Menschen jeden Tag. Unser Job ist vielschichtig und häufig mit heftigen moralischen Fragen belastet. Du musst entscheiden, wie du damit umgehen willst und welchen Preis du bereit bist, für deine Entscheidung zu zahlen, denn in der Regel ist es keine einfache Entscheidung zwischen Gut und Böse, schwarz oder weiß. Es ist die Frage: Was ist dir wichtiger? Stelle dir immer diese Frage und wenn du sie beantwortet hast: Schau nach vorn und nicht zurück.

[10] Sinn – Darf's ein bisschen mehr sein?

From the day we arrive on the planet
And blinking, step into the Sun
There's more to be seen than can ever be seen
More to do than can ever be done

Sir Elton John, britischer Sänger, aus *Circle of life*

Computer und Smartphone sei Dank: Wir leben heute in einer Wissensgesellschaft, in der die gesamte Weisheit der Menschheit nur einen Mausklick entfernt ist. Die Frage ist allerdings, was es uns nützt. Es scheint, dass der unendliche Fluss der Informationen vor allem eines nicht auszulösen vermag: Sinnhaftigkeit. Dabei soll Arbeit doch heute unbedingt Sinn machen.

Schließlich nimmt sie einen großen Teil unserer Lebenszeit ein und die wollen wir sinnvoll verbringen. Da wäre es doch toll, wenn genau dieser große Teil unseres Lebens auch noch Sinnträger wäre.

Was für ein schöner Traum. Aber wenn wir uns die Entwicklung der Arbeitswelt nach dem letzten Weltkrieg einmal anschauen, dann wird schnell deutlich, dass die Sinnfrage, zumindest in der Breite, in der sie heute gestellt wird, nicht nur ein sehr junges Phänomen ist, sondern die Arbeit an sich vielleicht sogar mit etwas belastet, was sie am Ende in der heutigen Form gar nicht leisten kann. Vielleicht versuchen wir mit dieser Fragestellung, einen Elefanten einen Baum hochzujagen. Wer weiß?

In den Fünfzigerjahren des letzten Jahrhunderts ging es nicht um Sinnhaftigkeit. Es ging um Sicherheit. Den Menschen steckte die Mangelerfahrung, die der letzte Weltkrieg mit sich gebracht hatte, in den Knochen. Heute für uns völlig selbstverständliche Dinge wie ein Dach über dem Kopf, drei Mahlzeiten am Tag oder einfach nur fließendes Wasser waren eben nicht selbstverständlich. Wenn wir in diesem Zusammenhang einmal die umstrittene Bedürfnispyramide nach Abraham Maslow bemühen, waren zu dieser Zeit nicht einmal die einfachsten Grundbedürfnisse erfüllt. In diesem Umfeld ging es niemandem um Selbstverwirklichung. Natürlich waren Berufe, die nach Berufung klingen, wie Arzt, Anwalt oder Architekt, hoch angesehen, aber auch der Beruf des Verwaltungsbeamten war etwas sehr Erstrebenswertes. Gute Bezahlung und ein gesellschaftskonformes Leben versprachen Glück und Zufriedenheit. Niemand fragte, ob der Anwalt den lieben langen Tag Ordnungswidrigkeiten vertrat oder für Menschenrechte kämpfte. Und es war egal, ob der Architekt ein Reihenhaus nach dem anderen baute, auch dem Architekten selbst: Normalität war Trumpf.

Die 68er waren die erste Generation, der das nicht mehr genug war, ein Grund ist vermutlich, dass sie die Mangelerfahrung des Krieges nicht mehr bewusst mitgemacht hatte. Wer sich über ein Dach über dem Kopf und die

Weniger ist das neue
Mehr!

Ernährung keine Sorgen mehr zu machen braucht, der strebt nach mehr. Kreativität als Form des Widerstandes gegen das Establishment hielt Einzug. Alles, nur nicht normal und angepasst, war die Devise. Alles sollte frei sein. Freiheit bekam plötzlich einen ganz anderen Stellenwert. Auch für die Frauen. In dieser Zeit wurden soziale Berufe chic. Wahrscheinlich waren deshalb so viele Altachtundsechziger Lehrerinnen und Lehrer. Die Sicherheit des Beamtentums auf der einen Seite – so schnell wird man das Erbe der Eltern eben doch nicht los – und soziales Engagement auf der anderen Seite. (Hagemann 2011)

Ganz interessant, wie sich das Lehrerbild seitdem gewandelt hat. In den Achtzigerjahren ging es langsam los, dass Beamte nicht mehr so angesehen waren. Der Finanzsektor und die Kreativbranche waren die erstrebenswerten Arbeitsmärkte. Sie versprachen der einen Gruppe Status und der anderen Gruppe Selbstverwirklichung. Beide Branchen sind inzwischen auch nicht mehr das, was sie mal waren. Finanzkrisen haben das Statusdenken entlarvt und unterbezahlter Kreativsklave will heute auch kaum noch jemand sein. Zumindest nicht auf Dauer. Heute sind die Berufe gefragt, die die Welt verbessern oder/und Freiheit bieten. Aufgrund der fortgeschrittenen Digitalisierung gibt es ein kleine, stetig wachsende Gruppe, die das Hippietum in die Moderne transferiert: die Digitalnomaden. Die Möglichkeit, überall zu arbeiten und so die Welt zu sehen, ist gerade ziemlich en vogue. Und wieder einmal werden Konventionen über Bord geworfen. Konsum ist nicht mehr alles. »Weniger ist mehr«, ist die neue Weltanschauung. Damit hat der Anspruch an unsere Arbeit, was sie uns bieten soll, auch immer etwas mit dem gesellschaftlichen Kontext zu tun. Unser Anspruch ist untrennbar an unsere Entwicklung als Gesellschaft verknüpft. Wir leisten uns Verzicht. Weniger ist das neue Mehr! In Drittweltländern oder Schwellenländern ist das nicht ansatzweise als Trend zu beobachten.

Übrigens: Im gleichen Maße, wie die Sinnsuche bei der Arbeit steigt, haben die Kirchen beziehungsweise die regional etablierten Religionen an Boden verloren. Sie haben nicht mehr die Deutungshoheit für unser Leben. Diese hat zunächst einmal die Wissenschaft übernommen. Vielleicht ein Grund, warum so viele gut ausgebildete Menschen sich aktuell regional fremden Religionen wie dem Buddhismus zuwenden oder meditieren. Andere kehren zurück zu den christlichen Wurzeln und entdecken ihren Glauben neu.

Die Suche nach dem Sinn scheint in uns zu stecken. Auch in unserer modernen Leistungsgesellschaft. Da wir die meiste Zeit unseres Lebens mit und bei der Arbeit verbringen, ist es gar nicht so weit hergeholt, in der eigenen Arbeit Sinn zu suchen. Schade, dass er so schwer zu finden ist.

Laut einer YouGov-Studie aus 2015 halten tatsächlich 35 Prozent der Deutschen ihren Job für sinnlos. Die gute Nachricht: 53 Prozent halten ihren Job für sinnvoll. Erstaunlicherweise hängt in Deutschland der Sinn der Arbeit scheinbar nicht von der Einkommenshöhe ab, während in den USA ein Zusammenhang auszumachen ist. Bei uns hält sich die Sinnhaftigkeit bei einem Haushaltsnettoeinkommen unter 2.000 Euro mit 58 Prozent und über 3.000 Euro mit 57 Prozent die Waage. Wer also denkt, dass die Reinigungskraft grundsätzlich eher an der Sinnhaftigkeit ihres Jobs zweifelt als der Chefbuchhalter eines großen Konzerns, der irrt.

Der Dichter und Schriftsteller Henry David Thoreau schrieb in *Die Pflicht zum Ungehorsam gegen den Staat* bereits 1845: »Die meisten Menschen würden sich beleidigt fühlen, wenn man ihnen als Arbeit anböte, Steine über eine Mauer zu werfen und sie dann wieder zurückzuwerfen, bloß damit sie ihren Lohn verdienten. Doch viele haben jetzt keine sinnvollere Beschäftigung.« Das Phänomen der sinnlosen Arbeit ist also nicht wirklich neu. Die Sinnfrage ist also keineswegs eine Forderung der jungen Generationen, sondern bei genauem Blick ist sie seit jeher mit der kapitalistisch organisierten Arbeitswelt verbunden.

Daher noch einmal die Frage: Was ist überhaupt eine sinnvolle Arbeit? Jeder, der mehr Sinn in seinem Tun sucht, sollte mit dieser Frage beginnen. Macht es Sinn, wenn ich tue, was von mir erwartet wird? Macht es Sinn, als unterbezahlter Altenpfleger zu arbeiten? Macht es Sinn, in einer Bank als hoch bezahlter Spezialist neue Finanzprodukte zu entwickeln, die niemand – vielleicht nicht einmal man selbst – versteht?

Meine Beobachtung bei Kunden und Klienten, aber auch im privaten Umfeld ist, dass die Sinnfrage sich Menschen immer dann stellt, wenn sie desillusioniert sind. Die Ursachen können verschiedene sein. Sehr oft fehlt Betroffenen nicht der Sinn in der Arbeit, sondern sie finden in der Arbeit nicht die Anerkennung, nicht die Möglichkeiten, sich einzubringen, nicht die Sicherheit oder nicht die Zugehörigkeit, die sie sich wünschen. Wenn psychologische Grundbedürfnisse verletzt sind, dann steigt der Schmerz bei der Arbeit, und wenn der Schmerz steigt, dann denken wir ans Aussteigen. Die Sinnfrage, also die Frage nach dem Ziel im Leben, ist wichtig – keine Frage – und jeder sollte diese für sich beantworten. Doch vor der Sinnfrage empfehle ich immer den Blick auf die eigene Bedürfnisgemengelage.

Wer montags also gern mal den einen oder anderen Kotzanfall bekommt, weil er seine Arbeit als sinnlos empfindet, sollte sich erst die Frage stellen: Warum habe ich überhaupt mal diesen Job begonnen? Diese Frage ist oftmals ein Augenöffner, denn die wenigsten Menschen haben ihren Job begonnen, weil er »Sinn« macht. Spaß, Geld und Selbstverwirklichung standen in der Regel an erster Stelle. In sozialen Berufen treibt das Bedürfnis, anderen Menschen zu helfen, viele an.

[11] Persönlichkeit – Die Summe unserer Erfahrungen

Weil du nicht bist wie alle andern,
auch wenn du ausgehst wie das Licht,
und mit dir tausend Sterne wandern,
weil es dich gibt, liebe ich dich.

Klaus Hoffmann, deutscher Liedermacher, aus *Weil du nicht bist wie alle anderen*

Was sind eigentlich Erfahrungen? Erfahrungen entstehen aus dem persönlichen Erleben. Im Prinzip sind wir die Summe unserer Erfahrungen. So weit, so klar. Darüber tauschen wir uns auch sehr gern aus. Und wir freuen uns, wenn jemand ähnliche Erfahrungen gemacht hat, damit wir im gleichen Atemzug unsere Erfahrungen mit denen unseres Gegenübers abgleichen können. Dabei entstehen in der Regel sehr angenehme Gespräche, die uns allerdings keinen Deut weiterbringen. Aber hierzu später.

Wenn wir also grundsätzlich die Summe unserer Erfahrungen sind, dann sollte eine Selbsteinschätzung ja im Prinzip recht einfach sein. Warum also rennen so viele Menschen da draußen in der Welt rum, die ganz offensichtlich an maßloser Selbstüberschätzung leiden? Ein Grund, warum wir uns oft selbst nicht verstehen, ist, dass viele Erfahrungen, die unsere Persönlichkeit bestimmen, uns einfach nicht bewusst sind.

Einige oft sehr prägende Erlebnisse liegen weit zurück in unserer Kindheit und Jugend, und doch beeinflussen sie uns weit mehr, als uns lieb oder bewusst ist. Nun kann und will dieses Buch keine Psychoanalyse leisten. Hier soll es nur darum gehen, wie unsere Schul-, Studien- und Ausbildungszeit uns beeinflusst und die Weichen für unseren späteren Weg stellt. Auch erste Erfahrungen in der Arbeitswelt, beispielsweise direkt nach dem Studium, gehören dazu.

Je nachdem, welche Erfahrungen wir in der Schule gesammelt haben, sind wir von Institutionen schon zu einem frühen Zeitpunkt ernüchtert oder begeistert. Egal, welche Erfahrungen wir in einem Ausbildungssystem gesammelt haben, in einer Sache ist sich die Forschung einig: In der Schulzeit prägt sich ein erheblicher Teil unserer Persönlichkeit. Daher lohnt es sich für jeden, zu überlegen, was er in der Schule, mit Mitschülern, Lehrern, Eltern und Familie in dieser Zeit so alles erlebt hat und wie es ihm dabei ergangen ist. Diese Erfahrungen sind heute ein Teil unserer Persönlichkeit.

In meiner Coachingpraxis erlebe ich es immer wieder, dass Klienten Reaktionsmuster bewusst werden, die sie in ihrer Jugend bereits entwickelt haben. Beispielsweise habe ich eine ältere Führungskraft im Coaching, die lange Zeit aus ihrer Position heraus geführt hat und sich dadurch natürlich häufig unbeliebt gemacht hat. Unzufriedenheit und Krankenstand waren in dieser Abteilung entsprechend hoch und so wurde ihr ein Coaching verordnet. Am Anfang war es tatsächlich sehr holperig, da der Klient überhaupt nicht verstand, was er bei mir sollte. Bis wir darauf kamen, dass er in der Schulzeit verinnerlicht hatte, dass man Autoritäten zuzuhören hat und zu machen hat, was sie sagen. Bei ihm fing die Erlebniskette in der Schulzeit mit einer sehr strengen Grundschullehrerin an und reichte bis in seine ersten Berufsjahre mit einem extrem autoritären Chef. Da ist es nicht weiter erstaunlich, dass er ein entsprechendes Verhalten von seinen eigenen Mitarbeitern erwartete und einforderte. Diese wiederum waren natürlich nicht wirklich begeistert.

Auch wenn wir es gerne hätten: Menschen lernen am wenigsten durch theoretische Fakten. Wir lernen am meisten durch Nachahmung. Kinder imitieren ihre Eltern und/oder andere Vorbilder. Wir schauen uns unser Verhalten von unseren Bezugspersonen ab.

Es macht daher durchaus Sinn, wenn wir uns die Vorbilder und Bezugspersonen unserer Kindheit, Jugend und auch unserer ersten Arbeitsjahre entspannt zu Gemüte zu führen. Und mit »Vorbildern« meine ich nicht die,

die wir auf einen Sockel gestellt haben und die wir toll fanden. Ich meine die, die da waren. Die guten und die schlechten. Das Doofe an der Sache ist: Wir haben uns auch die Muster von den schlechten abgeguckt und unbewusst übernommen.

Viele Eltern kennen den Mechanismus beziehungsweise haben es schon einmal am eigenen Leib erlebt. Eigentlich wollten sie eine bestimmte Verhaltensweise oder vielleicht eine bestimmte Formulierung der eigenen Eltern auf gar keinen Fall übernehmen. Und auf einmal kommt eine Situation, in der wir uns genauso verhalten wie unsere Eltern. In Großbritannien gibt es dazu einen schönen Spruch: »Sometimes I open my mouth and my mother comes out.« So ist das. Manchmal machen wir den Mund auf und unsere Eltern sprechen durch uns – aber nicht nur unsere Eltern, unsere Lehrer, unsere ersten Chefs und auch die ersten Kollegen, an denen wir uns orientiert haben.

Ein weiteres Beispiel aus meiner Coachingpraxis ist ein junger Unternehmer, der immer wieder Probleme mit seinen Mitarbeitern hatte. Es war ihm unverständlich, denn er bemühte sich um seine Mitarbeiter und machte sich sehr viele Gedanken. Daher lag die Vermutung schon nahe, dass es tatsächlich an den Mitarbeitern liegen könnte. Es sah auch so aus, bis wir uns mit seinen ersten Führungserfahrungen beschäftigt haben, eben mit seinem ersten Chef während seiner Ausbildung. Erste Führungserfahrungen sind nicht, wie viele meinen, wenn man selbst das erste Mal führt. Erste Führungserfahrungen sammeln wir durch Beobachtung. Und am intensivsten beobachten wir, wenn etwas neu für uns ist.

Mein Jungunternehmer hatte mit seinem ersten Chef kein Glück. Er war ein machtorientierter Sprücheklopfer, den nur interessierte, ob seine Mitarbeiter funktionierten. Wenn nicht, dann gab es Druck. Unbewusst hatte mein Klient dieses Muster übernommen und immer, wenn es stressig wurde, kam es zum Vorschein. Um solche Muster zu ändern, muss man diese überhaupt erst einmal bemerken. Das ist nicht so einfach, wie es zunächst scheint, glauben wir doch, dass wir Verhaltensweisen nicht unreflektiert übernehmen. Das ist leider ein Trugschluss. Bei schweren psychischen Störungen ist uns das klar, aber bei unseren alltäglichen Verhaltensweisen meinen wir, es wäre nicht so. Erstaunlich, oder?

Spannend in diesem Zusammenhang sind auch die Erfahrungen, die wir als Kinder mit der Arbeitswelt gemacht haben. Eine Welt, die wir uns zu dem Zeitpunkt noch gar nicht vorstellen konnten. Der einzige Kontakt, den wir zu ihr hatten, den hatten wir über unsere Eltern. Mal darüber nachgedacht? Wie haben unsere Eltern beim Abendbrot von ihrer Arbeit berichtet? Waren sie gestresst? Haben sie von unfähigen Chefs erzählt? Oder waren sie selbstständig und waren immerzu mit dem Betrieb beschäftigt? Hatten wir den Eindruck, dass ihre Arbeit Quälerei ist? Oder gab es da noch mehr?

Und dann ist da noch unsere Arbeit selbst. Welche Erfahrungen haben wir über die Jahre mit ihr gemacht?

Es lohnt sich, darüber einmal in Ruhe nachzudenken, denn wir sind die Summe unserer Erfahrungen. Das Doofe daran: Es ist uns meistens gar nicht bewusst. Wer kann sich schon bewusst daran erinnern, welchen Eindruck er als Kind von der Arbeitswelt der Eltern gewonnen hat? Oder wem ist klar, dass der erste Chef in der Regel am prägendsten war, ob wir wollten oder nicht? Um nicht durch unbewusste Erfahrungen in die Montagsübelkeit getrieben zu werden, müssen wir also erst einmal schauen, was war. Dann sind wir vielleicht in der Lage, etwas an unserer Situation zu verbessern. Erlernte und übernommene Verhaltensmuster sind eben eines: erlernt. Die gute Nachricht: Wir können jederzeit neue Verhaltensmuster lernen und neue Erfahrungen machen. Die schlechte Nachricht ist, dass unerwünschte Erfahrungen nicht einfach gelöscht werden können. Das neue Lernen, das Machen anderer wünschenswerterer Erfahrungen ist ein mühsamer Prozess. Doch er lohnt sich.

[12] Komplexität – Montagsfrust trägt Zwiebellook

Lass dich nicht täuschen
Denn nichts ist das, wofür du es hältst
Was du jetzt bräuchtest,
ist 'n bisschen Fantasie, und der Schleier fällt

Tim Bendzko, deutscher Singer/Songwriter, aus *Leichtsinn*

Um zu verstehen, wie sehr unsere Erfahrungen unser aktuelles Tun und Lassen beeinflussen, hilft das folgende Bild. Hirnforscher und Psychologen mögen die drastische Vereinfachung verzeihen, aber dieses Bild illustriert recht anschaulich den Einfluss unserer Erfahrungen. Stellen wir uns einmal vor, der Verstand wäre ein Rekorder mit einem Aufzeichnungsmedium. Alle Erfahrungen, Ereignisse und Emotionen laufen über einen kleinen Filter und werden dann abgespeichert. Zeit- und Ortsdaten werden nicht an der gleichen Stelle abgespeichert wie Fakten und Emotionen. Aber für alles gibt es einen bestimmten Platz. Alle Informationen, die zu einer Erinnerung gehören, werden also an verschiedenen Orten des Speichermediums abgelegt und mit Markern für die entsprechende Erinnerung versehen, sodass alle Informationen einer Erinnerung bei Bedarf auch wieder gemeinsam abgerufen werden können.

Im Laufe der Zeit werden immer weniger Einzelinformationen abgelegt, denn es reicht vollkommen aus, auf bereits vorhandene Informationen einfach einen neuen Marker zu legen. So werden nach und nach vorhandene Informationen immer wieder neu kombiniert. Allerdings trägt natürlich auch jede Einzelinformation immer alle möglichen Erinnerungskombinationen mit sich, welche immer irgendwie mitschwingen. Häufig bemerken wir dieses Mitschwingen gar nicht, aber manchmal haben wir so ein komisches Gefühl. Dieses komische Gefühl könnte seine Ursache darin haben, dass ein Teil der gerade in Gebrauch befindlichen Erinnerung mit anderen, nicht so schönen Erfahrungen der Vergangenheit über andere Marker verknüpft ist und diese – aus welchem Grund auch immer – gerade aktiviert werden. Aber auch ohne ein komisches Gefühl können Informationen, die jetzt eigentlich gar nicht in eine betreffende Situation gehören, aktiv sein, ohne dass wir es tatsächlich bemerken. Dabei kann es sich auch um Informationen handeln, die wir im gesellschaftlichen Miteinander gelernt haben. Verhaltensinformationen, die wir nicht bewusst gelernt haben. Hierzu zählen unter anderem die kulturellen Unterschiede. Jeder, der schon mal im Ausland gelebt oder gearbeitet hat, kennt das. Ein schönes Beispiel ist die deutsche Vorstellung von Pünktlichkeit. Schon innerhalb Europas ist das Verständnis dafür sehr unterschiedlich, weltweit wird es noch extremer. Wie man sich in Gruppen oder bei der Arbeit verhält, gehört auch dazu.

Für unsere Arbeit und den mit ihr verbundenen Montagsfrust heißt das, dass die Gründe unseres Unwohlseins uns nicht auf einem silbernen Tablett serviert werden. Das, was wir im ersten, hobbypsychologischen Moment für die Ursache halten, ist in der Regel nur ein Erklärungsversuch, der mit den tatsächlichen Ursachen nicht das Geringste zu tun hat – im Prinzip vergleichbar mit dem Schälen einer Zwiebel. Schicht um Schicht legen wir eine Ursache nach der anderen frei, um dann zu erkennen, dass es nicht den einen wahren Kern gibt, sondern viele Schichten, die alle eine Bedeutung haben können, und wie das beim Zwiebelschälen so ist, brennt das ganz schön in den Augen.

Um zu verstehen, warum in Unternehmen in großen Teilen immer noch in einem Top-down-System geführt wird, macht es Sinn, sich einmal kurz mit dem Taylorismus zu befassen. Der amerikanische Ökonom Frederick Winslow Taylor entwarf Ende des 19. Jahrhunderts ein Managementsystem mit dem Ziel, Fabrikarbeit zu optimieren. Ziel seines Scientific Managements war es, die Produktivität menschlicher Arbeit maximal zu steigern. Um dieses Ziel zu erreichen, wurden zum einen Management- und Ausführungsaufgaben strikt getrennt. Darüber hinaus wurde die Arbeit in kleinste Einheiten unterteilt, um für deren Bewältigung keine oder nur geringe Denkarbeit leisten zu müssen. Die Idee dahinter war, aufgrund maximaler

Simplifizierung einen Arbeitsvorgang schnell und in hoher Qualität wiederholen zu können. Vom Arbeitsergebnis her gedacht ja auch durchaus nachvollziehbar.

Vorarbeiter beziehungsweise Vorgesetzte übernehmen in diesem System die organisatorischen und koordinativen Arbeiten. Sie geben die Arbeitsziele vor und übernehmen in der Regel die Denkarbeit im Produktionsprozess. Der Mensch ist nur ein Produktionsfaktor beziehungsweise eine Ressource. Wer in diesem Zusammenhang an die Bezeichnung »Human Ressources« denkt, liegt nicht verkehrt ... Der Mensch sollte nach Taylors Auffassung als Ressource optimal eingesetzt werden. Dabei ging er davon aus, dass eine geregelte Tätigkeit den Menschen grundsätzlich zufriedenstellt. Zur Motivation dienten Taylor monetäre Anreize. Die Akkordarbeit am Fließband war geboren.

Und nicht nur die ... Bis heute hält sich trotz gegenteiliger Forschungsergebnisse die Meinung, dass Geld alleine Menschen motiviert. Aber warum ist das so? Warum denken wir bis heute, dass Geld, also eine Belohnung von außen, motiviert und dass Kontrolle und Strafe, also Bestrafung von außen, Leistungsverweigerer schon auf den rechten Pfad bringen werden?

Vielleicht sind es unsere Erfahrungen aus der Schul- oder Ausbildungszeit ... In dieser Zeit haben wir vielleicht auch Erfahrungen gemacht, die nicht unbedingt etwas mit Leistung, Motivation oder Sinn zu tun hatten, sondern eher etwas damit, wie wir am besten um – nach unserer Meinung überflüssigen – Kram herumkommen ...

Wer sich ganz genau in heutigen Firmen und Büros umschaut, der erinnert sich vielleicht – wie ich – unwillkürlich an seine Schulzeit. Da gibt es die Streber, die es dem Lehrer (heute Chef) recht machen wollen und alles tun für eine gute Note. Erstaunlicherweise geht es dabei gar nicht so sehr um die Bonuszahlungen am Ende des Jahres, es geht ihnen genau wie damals in der Schule um die Anerkennung von außen. Dann gibt es die notorischen Leistungsverweigerer, die könnten, wenn sie wollten, sie wollen aber nicht, weil sie alles, was von der Autorität kommt, infrage stellen. Und dann gibt es alle dazwischen. Das sind die, die irgendwie durchkommen. Nicht besonders gut, daher fallen sie nicht auf und bekommen auch keine Anerkennung. Und auch nicht besonders schlecht, daher gibt's auch keine Sanktionen ... Aber wirklich Außergewöhnliches leisten sie auch nicht ... Die Preisfrage: Ist das tatsächlich Montagsfrust oder mogeln wir uns irgendwie durch, weil wir das im Laufe des Lebens besonders gut trainiert haben?

Um noch einmal auf unseren Freund Taylor zurückzukommen: In unserem heutigen Schul-, Ausbildungs- und Arbeitssystem tummeln sich immer noch Ideen wie die Top-down-Führung oder die Idee, dass der durchschnittliche Arbeitnehmer nicht freiwillig gute Leistungen erbringt. Eigenständiges Denken und kreatives Handeln werden zwar in jeder Stellenausschreibung gefordert, aber wirklich gewollt sind sie oft nicht.

Ein Widerspruch, mit dem wir allerdings immer wieder in unserer Gesellschaft konfrontiert werden. Auf der einen Seite sollen wir individuell, kreativ und erfolgsorientiert sein, auf der anderen Seite wird erwartet, dass wir unseren Job nach Anweisung durchführen. Ein Widerspruch in sich, auf den wir in der Regel nicht vorbereitet sind. Wenn wir jetzt wieder zur Anfangsthese »Wir sind die Summe unserer Erfahrungen« zurückkommen, wird das unbewusste Dilemma deutlich.

Was ist aber die Lösung dieses Problems? Nun, gerade weil wir die Summe unserer Erfahrungen sind, können wir die Dinge angehen. Abgesehen davon gibt es ja genügend Führungskräfte, Leistungsträger, Arbeitnehmer und Selbstständige, die nicht in den beschriebenen alten Mustern gefangen sind, sondern diese bewusst verlassen haben. Also scheint Veränderung machbar zu sein. Der erste Schritt ist, sich dieser Muster bewusst zu werden. Muster, die durch die Schule und unsere Ausbildung implementiert wurden, aber auch Muster, die uns Elternhaus, Freunde und unser sonstiges Umfeld mit auf den Weg gegeben haben, gehören dazu.

So weit zu den Erfahrungen und wie sie mehr oder weniger entstehen. Es ist natürlich sehr gewagt, auch nur im weitesten Sinne zu behaupten, dass wir in der Schule oder auch in unserer Ausbildung Sinnlosigkeit erfahren und damit umgehen müssen. Aber ist es nicht so? Wie oft haben wir gefragt: Brauche ich das überhaupt? Macht es mein Leben besser? Das kann doch nicht alles sein …

Vielleicht ist unsere verzweifelte Sinnsuche am Montag auch nur so etwas wie das antrainierte Aufbegehren gegen die Zwänge des Alltags? Dann stört uns am Ende gar nicht die Sinnfrage, sondern etwas ganz anderes. Wer weiß …

In diesem Sinne scheint uns die Sinnsuche spätestens ab der Pubertät zu begleiten. Vielleicht wohnt ihr auch einfach etwas Evolutionsbiologisches inne. Vielleicht hat Sinnsuche ja auch etwas mit dem Wunsch nach Verbesserung zu tun. Dinge immer besser zu machen und damit das Überleben zu sichern … Das Dumme daran ist nur, dass wir damit zur Unzufriedenheit verdammt sind. Wie soll das auch zusammenpassen? Der Wunsch, etwas zu verbessern, bei gleichzeitiger Zufriedenheit? Verhält es sich am Ende auch mit der Selbstverwirklichungssehnsucht in unserem Job so?

Viktor Frankl schreibt dazu: »Sich selbst verwirklichen kann der Mensch nur in dem Maße, in dem er sich selbst vergißt, in dem er sich selbst übersieht.«

Also, noch einmal ganz direkt: Macht arbeiten Sinn? Klar. Immer wenn eine Sache zu etwas dient, dann macht sie Sinn. Nur weil wir den Sinn vergessen haben oder weil wir unseren Chef und die Kollegen doof finden, heißt das noch lange nicht, dass unsere Arbeit keinen Sinn macht. Sicherlich gibt es Jobs, bei denen der Sinn schwerer zu erkennen ist, aber im Grunde machen alle Jobs Sinn.

Die, die keinen Sinn mehr machen, entfallen früher oder später automatisch. Es macht heute keinen Sinn mehr, Stenotypistinnen auszubilden, und das Fräulein vom Amt ist auch überholt. Schreibmaschinenmechaniker werden auch nicht mehr gebraucht, ebenso wenig wie Fahrkartenverkäufer. Und am Horizont können wir bereits erahnen, welche heute noch hoch qualifizierten Jobs bald keinen Sinn mehr machen werden, weil die exponentiell wachsende Digitalisierung diese überflüssig machen wird ...

Darüber hinaus wird die Arbeit von außen mit einer Wichtigkeit belastet, die ihr in vielen Fällen vielleicht gar nicht zufällt. Wie so häufig in solchen und ähnlichen Fällen neigen wir dazu, Äpfel mit Birnen zu vergleichen. Wir vergleichen allen Ernstes die Sinnhaftigkeit vollkommen verschiedener Tätigkeiten auf der gleichen Ebene, nämlich auf einer tugendhaften ... Das kann nur in die Hose gehen. Wer den Sinn der Arbeit eines Unfallchirurgen mit dem Sinn der Arbeit eines Verwaltungsbeamten vergleicht, der vergleicht nicht mehr, der bewertet. Und genau da beginnt unser Sinnsucher-Dilemma und unser Arbeitsunglück. Dazu Sören Kierkegaard: »Das Vergleichen ist das Ende des Glücks und der Anfang der Unzufriedenheit.« Recht hat er. Die einfachste Formel für Unzufriedenheit lautet: Vergleiche das, was du hast, mit dem, wie du es lieber hättest. Zack: Unglücklich. Funktioniert immer!

Wer montags nicht mehr kotzen will, der hört besser auf, zu vergleichen. Denn es macht durchaus Sinn, das eigene Tun nicht mit dem Schaffen der Ärzte ohne Grenzen oder der Aktivisten von Greenpeace zu vergleichen. Gerade der Vergleich der eigenen Unscheinbarkeit mit den Ikonen gesellschaftlichen Engagements ist ein hochwirksames Brechmittel. Es macht viel mehr Sinn, sich zu fragen, welchen Beitrag die eigene Arbeit zur Gesellschaft leistet. Da kommen wir der Sinnhaftigkeit unseres Tuns wieder wesentlich näher. Ob uns das Ergebnis gefällt, steht auf einem anderen Blatt.

3.
Glück – Von Erfolgssuchern und Misserfolgsvermeidern

● ●

In every life we have some trouble but when you worry you make it double
Don't worry be happy

Bobby McFerrin, US-amerikanischer Sänger, aus *Don't worry, be happy*

Okay, nehmen wir mal an, wir finden unsere Arbeit im Grunde ganz sinnvoll. Wie beispielsweise der Architekt, der desillusioniert eine Reihenhaussiedlung nach der anderen aus dem Boden stampft und vergessen hat, dass er noch im Studium große Visionen für die Städte der Zukunft hatte.

Bei dieser Betrachtung vergessen wir die eigentliche Frage, die lautet: Ist es denn so negativ, Reihenhaussiedlungen zu bauen? Eben dieser desillusionierte Architekt schafft mit seiner Arbeit vielen Menschen ein finanzierbares Zuhause. Ein Zuhause, in dem Menschen ihre Kinder großziehen, Familienfeste feiern, Freud und Leid erfahren, welches sie dekorieren und in dem sie sich wohlfühlen. Das ist zwar nicht die Wahnsinnsvision von begrünten Wolkenkratzern, die wie ein eigenes Ökosystem funktionieren, aber es ist auf jeden Fall eine Aufgabe, die sinnvoll ist, die einen positiven Beitrag darstellt.

Kann man damit nicht auch glücklich sein? Reicht Bauen von der Stange nicht auch aus, um das Herz eines Architekten auszufüllen? Dazu gehört natürlich, dass man erst einmal bereit ist, seine persönliche Frustration aufzugeben und über seinen Anspruchstellerrand hinauszuschauen. Menschen, die das vermögen, schaffen es tatsächlich, mit ihrer Arbeit zufrieden zu sein und sogar Momente des Glücks zu erleben. Sie schauen nicht auf die anspruchslose Reihenhausarchitektur und denken immer: »Ach, was könnte man machen?!« Und das ist es doch letztendlich, was wir wollen. Zumindest hat unser Gehirn ein ganz valides Interesse daran, dass wir nach Glück streben. Und das hat es auch sehr fein eingerichtet.

Auf den folgenden Seiten erfahren Sie, wie wertvoll der richtige Umgang mit Glück und Erfolg sein kann, um eben nicht am Montag mit einem Würgereiz die Arbeitswoche zu beginnen. Ob unser Job uns auffrisst, langweilt, quält und frustriert, hat irre viel damit zu tun, wie wir auf unsere Arbeit und uns selbst schauen.

Glücksjunkies – Warum Glück süchtig macht [13]

Pleased to meet you
Hope you guess my name
But what's puzzling you
Is the nature of my game

The Rolling Stones, britische Rockband, aus *Sympathy for the devil*

Die meisten von uns wissen, dass wir im Gehirn ein Belohnungszentrum haben: den Nucleus Accumbens. Dieser schüttet, ausgelöst durch Dopamin – nein, Dopamin ist noch nicht der eigentliche Glücklichmacher – hirneigene Opiate aus und macht uns damit froh. So weit, so gut. Entdeckt wurde dieses System wie weiter vorn beschrieben von Ods und Milner. Die Wissenschaftler hatten ihren Ratten Elektroden genau in den Nucleus Accumbens gepflanzt und ließen sie sich selbstständig über einen Hebel Glücksreize verpassen. Das Ganze ging so weit, dass die Tiere das Interesse an Sex und, noch schlimmer, sogar an der Nahrungsaufnahme verloren. Sie waren Glücksjunkies.

In dem Moment, in dem sich die Ratte den Reiz verpasst, produziert ihr Gehirn den Glückscocktail und das Tier fühlt sich euphorisiert. Das fühlt sich so gut an, dass es alles andere vergisst. Der Effekt ist der gleiche wie bei Heroin, Opium oder Crack. Nur dass das Gehirn diesen Effekt eben auch selbst produzieren kann. Das ist ja auch ganz schön, aber wozu das Ganze? Und warum nicht durchgängig so, wie wir es gern hätten?

Der Gehirnforscher Professor Spitzer erklärt es im Buch *Glück* von Dr. Eckart von Hirschhausen so, dass das Glückssystem dazu da ist, besser zu lernen. Das Gehirn belohnt nicht nur ein Ereignis, welches in irgendeiner Form vorteilhaft für uns ist, es kanalisiert auch die Informationen wesentlich besser und damit wird besser gelernt. Diese Vorgehensweise ist evolutionär sinnvoll, denn die graue Masse zwischen unseren Ohren muss in jeder Sekunde einen wahnsinnigen Datenfluss verarbeiten. Und eben dieser muss sinnvoll gefiltert werden. Es braucht also ein Filtersystem. Unter normalen Umständen läuft das System relativ geräuschlos. Es macht halt seine Arbeit, ohne dass wir es bewusst merken. Trifft allerdings eine neue, richtig gute Information auf das System, dann schaltet es um. Dann gehen alle Lampen an, damit wir diese Information so schnell nicht wieder vergessen. Und das klappt ja in der Regel auch ganz gut. Das klappt sogar so gut, dass wir dieses Erlebnis immer wieder in der gleichen Qualität erleben wollen. Genau wie bei den Ratten und ihrem Hebel ...

Nun sind wir den Ratten doch um einiges voraus und wir wissen, dass wir Glück immer wieder neu erobern müssen. Trotzdem fahren viele Menschen ein zweites Mal an einen Urlaubsort oder gehen immer wieder in das gleiche Restaurant ... Ja, wenn es uns dort gefällt, spricht überhaupt nichts dagegen, aber wir sollten uns immer mal wieder klarmachen, warum wir das tun. Weil wir beim ersten Mal begeistert waren. Aber machen wir uns nichts vor, der gleiche Begeisterungskick entsteht nicht noch einmal. Warum auch? Aus Sicht des Gehirns ist die Arbeit ja auch getan. Wir haben gelernt, dass genau dieses Restaurant toll ist und wir dort einen schönen Abend verbringen können. Also: Haken dran. Für Fred und Wilma Feuerstein wäre eine vergleichbare Lernerfahrung eine Stelle im Wald mit tollen Beeren, die viel besser schmecken als die, die sie sonst an anderer Stelle gesammelt haben. Ein ordentlicher Begeisterungsschub sorgt dafür, dass die beiden die Stelle nicht mehr vergessen und zack: Überleben wieder etwas besser gesichert.

Natürlich ist dieser Effekt inzwischen überflüssig. Das wissen wir. Wir wissen auch, wie er funktioniert. Und wir wissen auch, dass er nicht durchgehend anhält. Trotzdem wundern wir uns, wenn ein neuer Job, der anfangs Spaß gemacht hat und verheißungsvoll war, auf einmal als langweilige

Routine erscheint. Da sind wir dann nicht mehr so differenzierte, kluge Homo sapiens. Da sind wir dann Fred und Wilma und überlegen uns, wer schuld ist, beziehungsweise machen uns auf die Suche nach einem neuen Glückskick. Als Fred und Wilma noch Nomaden waren, machte auch das wieder Sinn, denn irgendwann waren die Beeren aufgegessen und das Jagdwild weitergezogen.

Langeweile und Routinen gehören dazu. Was aber, wenn sie uns aufzufressen drohen? Was tun, wenn diese gefühlte Langeweile ein wichtiger Auslöser meiner Montagsübelkeit ist?

Zunächst einmal hilft es, sich in Erinnerung zu rufen, dass es gewissermaßen an unserer genetischen Programmierung liegt, dass die Arbeit uns langweilig erscheint. Es liegt nicht an uns und auch nicht an der Arbeit. Im Prinzip ist alles normal. Und Normalität muss man manchmal auch aushalten können.

Und wer nicht gleich die Zelte abbrechen will, der suche sich neue Aufgaben, neue Spielräume für neue Abwechslung. Übrigens auch eine sehr gute Empfehlung für Führungskräfte und Unternehmen. Oft reichen schon kleine Veränderungen völlig aus. Zum Beispiel die Jobrotation. Eine bekannte Maßnahme, um die Produktivität am Fließband hochzuhalten. Warum nur dort? Auch in anderen Bereichen wäre eine Rotation denkbar. Und alles, was denkbar ist, ist am Ende auch umsetzbar. Wir müssen nur wirklich wollen.

[14] Glück – Mal verliert man und mal gewinnen die anderen

All the leaves are brown (All the leaves are brown)
And the sky is grey (And the sky is grey)
I've been for a walk (I've been for a walk)
On a winter's day (On a winter's day)
If I didn't tell her (If I didn't tell her)
I could leave today (I could leave today)

The Mamas & The Papas, US-amerikanische Band, aus *California Dreamin'*

Insgesamt ist also klar, dass der Glückskick, den unser Gehirn uns hin und wieder verpasst, nur von kurzer Dauer ist. Das ist nicht die neueste Erkenntnis unter der Sonne und eigentlich jedem klar. Allerdings stehen wir unter Glückszwang, denn die gesamte Werbe- und Medienindustrie hat schon lange verstanden, dass wir auf der Suche nach unserem nächsten Glückskick sind und den Kick in Dauerschleife wollen. Also verspricht sie uns in den schillerndsten Farben, dass wir Glückskickendlosschleifen haben können, wenn wir nur bestimmte Produkte konsumieren, die richtigen Bücher lesen und uns mit den richtigen Menschen umgeben, dann wird alles dauerchic ... Jeder, der sich mal was Neues gekauft hat, weiß, es ist wieder nur ein kurzer Kick. Die Glücksewigkeit ist für das Gehirn viel zu anstrengend. Endorphine sind eben nicht pausenlos produzierbar.

Die Frage ist auch, ob wir überhaupt je etwas lernen würden, wenn wir dauerhaft glücklich wären. Warum sollten wir überhaupt etwas lernen? Glücklich in der Ecke liegen. Würde doch schon reichen. Im Prinzip ist es das, was Drogensüchtige auf Droge erleben, genau wie die Ratten, die sich ihren Glückskick selbst verpassen durften. Ein entspanntes Hochgefühl, völlig apathisch und antriebslos, selbst Sex und Nahrungsaufnahme werden uninteressant. Dem Überleben dient das nun wirklich nicht. Das bedeutet also auch, dass die Suche nach dem Glück uns antreibt. Und damit ist auch klar, dass unsere Suche nicht aufhören kann. Alter und Erfahrungen machen uns vielleicht auf dem Weg gelassener, aber das war es dann auch schon.

Was heißt das aber nun für unsere Arbeit? Wie mit allen Dingen wird es auch hier kein 24-Stunden-Glück an sieben Tage der Woche geben. Egal, ob wir einer höheren Berufung gefolgt sind oder ob wir einfach einen Job machen, um die Brötchen zu verdienen. Auch der berufenste Arbeiter hat Momente, die nicht nach Berufung duften. Jeder Job hat langweilige, öde und nervige Aspekte. Die werden in der Regel natürlich nicht nach außen getragen. Es gibt bestimmt wenige Ärzte, die gern medizinische Berichte schreiben, Auseinandersetzungen mit Kollegen toll finden oder den ganzen Papierkram mit der Krankenkasse mit Begeisterung erledigen. Lehrer plagen sich garantiert nicht gern mit Helikoptereltern oder mit denkfaulen Schülern rum und Führungskräftetrainer freuen sich auch keinen Ast, wenn sie zum x-ten Mal eine unmotivierte Mannschaft eines unfähigen Chefs vor der Flinte haben oder die Umsatzsteuer-Voranmeldung wieder auf dem Plan steht ... Das ist nicht schön, nicht einfach und macht auch bei täglicher Achtsamkeitsmeditation nicht glücklich. Geht ja auch gar nicht, wenn die Endorphine gerade ausverkauft sind.

Dazu gibt es ein schönes Modell, welches das Prinzip sehr gut verdeutlicht: das Pendel des Lebens. Wenn wir uns einmal vorstellen, unser Leben wäre wie ein Pendel, welches ein Leben lang von einer Seite zur anderen schwingt. Auf der einen Seite liegt alles Positive: Liebe, Glück, Erfolg, Gesundheit und so weiter. Auf der anderen Seite liegt alles Negative: Hass, Unglück, Krankheit, Versagen ... Und unser Pendel schwingt hin und her. Das Leben ist nun mal ein Auf und Ab. Übrigens passt dieses Bild auch ganz gut auf unseren Job. Mal macht er richtig Spaß – mal eher nicht ... Mal haben wir Erfolg und manchmal nicht ... Grundsätzlich ist uns zwar klar, dass wir nicht ständig auf der Sonnenseite des Lebens stehen können, aber wir wollen es doch so gern ... Damit unser Pendel nun nicht mehr so wahnsinnig in den Negativbereich ausschlägt, verlangsamen wir unser Pendel. Wir gehen auf Nummer sicher. Nummer sicher ist so was wie der sichere Job in der Verwaltung, anstatt es als Musiker zu versuchen. Oder in einer Partnerschaft zu bleiben, die ja so übel gar nicht ist … Oder einen Job zu machen, der das sichere Einkommen garantiert, dafür aber – na ja, etwas langweiliger ist. Allerdings heißt das auch, dass das Vermeiden allzu negativer Aspekte im Job wie im Leben auch die maximal positiven Erlebnisse verhindert. Alles flauschig heißt auch alles langweilig … Und dann wundern wir uns, dass das Pendel nicht mehr in den maximal positiven Bereich ausschlagen kann. Es pendelt dann nur noch im Durchschnittsbereich sicher vor sich hin. Es gibt keine Herausforderungen, keine Lernkurven und keine echten Hochs mehr. Hier gibt es kein Magenkribbeln bis in die Haarspitzen und keine Freude, die einem in Form von Tränen aus den Augen schießt. Dafür aber auch nicht das Gegenteil …

Jede positive Erfahrung, jeder Überschwang, jeder große Erfolg, jedes Glück gewinnt an Qualität durch die Erfahrung des Gegenteils. Jede Idee, jedes Tun, jedes Handeln beinhaltet immer zwei Möglichkeiten: die des Erfolgs und die des Scheiterns.

Was können wir abschließend mit auf den Weg nehmen gegen fehlende Hochgefühle bei der Arbeit? »Bewusstheit« lautet das Zauberwort. Wer sich für den sicheren Bereich entscheidet, trifft genauso eine kluge Wahl wie der, der die volle Breitseite will. In dem Moment, wo wir uns im sicheren Bereich wiederfinden, dürfen wir diese Sicherheit auch durchaus wertschätzen. Wenn wir uns eher für einen risikoreichen Lebensweg entscheiden, auch okay. Die Gefahr des Scheiterns ist immer mit der Entscheidung verbunden – egal, mit welcher.

Die Entscheidung für Montagsmuffel lautet aber eigentlich gar nicht Risiko oder Sicherheit, sondern aktiv werden oder nicht.

Riskier mal wieder was. Das muss ja nicht gleich heißen, dass du Musiker oder Maler werden sollst. Wie wäre es denn, sich im Job mal wieder einzubringen? Sich mal wieder eine blutige Nase zu holen und ein paar Wände mit dem Kopf einzureißen? Das bringt nichts? Schon hundertmal versucht? Wirklich? Dann eben noch mal. Manchmal braucht es tausend Hammerschläge, um eine Wand einzureißen und Rom wurde bekanntlich auch nicht an einem Tag erbaut. Glückskicks sind umso wahrscheinlicher, umso aktiver du wirst. Das Glück liebt hartnäckige Menschen. Darum sind Menschen, die viel tun, und zwar wirklich tun, auch eher vom Glück geküsst als die ewigen Zauderer.

Unglück – Traum trifft Alltag [15]

I had a dream last night
The worst in many years
Had me biting on my pillow
Had me waking up in tears
I was knocking on a door
I'd been knocking all my life
Expecting great things on the other side

Tina Dico, dänische Singer/Songwriterin, aus *The other side*

Warum wird der Traumjob eigentlich irgendwann zum Albtraum? Es beginnt in der Regel doch alles immer so verheißungsvoll ... Weil Erwartungen und Realität oft nicht zusammenpassen. Beispielsweise hat sich ein Jurist vermutlich nicht durchs Studium gequält, um später als Firmenanwalt Vertragstexte zu prüfen, welche von einer überteuerten externen Kanzlei erstellt wurden. Als juristischer Lektor zu fungieren, war sicher nicht der Traum, der ihn durchs Studium getragen hat. Kein Zimmermannslehrling ist begeistert, wenn er eine Trockenbauwand nach der anderen hochziehen muss, und Lackierergesellen rasten auch nicht aus vor Glück, wenn ihr täglich Brot die Flächengrundierung von Flugzeugen ist. Das mag anspruchsvoll sein, aber tagein tagaus ist es vor allem eines: langweilig!

Viele, die schon länger im Job sind, belächeln die Vorstellungen von Jugendlichen und jungen Erwachsenen in Bezug auf die Arbeitswelt, in die sie eintreten werden. Immer wieder hört man Erwachsene sagen, dass die Schulzeit die beste Zeit sei. Es gäbe nie wieder so viel Freizeit und so viele Möglichkeiten, etwas zu tun, was einem Spaß macht. Doch das stimmt so nicht. Es sei denn, wir sprechen von der Grundschule ... Wir verklären die Schulzeit schlicht und ergreifend im Rückblick genauso, wie wir die Arbeitswelt als Schüler als Land der unbegrenzten Möglichkeiten gesehen haben – das Land, in dem Entscheidungsfreiheit winkt. Als Jugendliche waren wir nämlich der Meinung, dass wir, wenn wir erst einmal arbeiten, endlich frei sind. Wir könnten unsere eigenen Entscheidungen treffen und wären nicht mehr von Mama und Papa abhängig. Wir hätten unser eigenes Geld in der Tasche und davon natürlich so viel, dass wir uns kaufen könnten, was wir wollten. Dass wir dann mehr Zeit mit Arbeiten verbringen müssten, schien uns ein angemessener Preis zu sein. Niemand hat uns darauf vorbereitet, was uns wirklich erwartet. Niemand hat uns auf die Routine immer gleicher Aufgaben vorbereitet. Wir wurden nicht gewarnt vor Arbeitsdruck, miesen Kollegen und cholerischen Chefs. Mit etwas Glück erfährt man als Jugendlicher vielleicht, welche Qualifikationen und Kompetenzen ein Job verlangt, aber kaum jemand erzählt einem, wie sich der angeblich so verheißungsvolle Traumjob im Alltag wirklich anfühlt.

Auch nicht die Medien: In den Medien fungieren Berufe eher als Mittel zum Zweck. Sie dienen in der Regel den Handlungssträngen, einer Dramaturgie, die uns mitreißen soll, damit wir auch die Werbepausen überstehen. Berufsdarstellungen sind Einschaltquoten-orientiert. Damit dürfte klar sein, auf welche dramaturgischen Inhalte sich die Darstellungen beschränken: den Versager oder den Helden. Um diese beiden Extreme zu nutzen, bedienen sich die Medien extremer Situationen, die im tatsächlichen Berufsalltag eher selten und vor allem nicht in dieser Konzentration vorkommen. Keine Notaufnahme hat täglich Katastrophenalarm, kein Anwalt paukt jeden Tag Unschuldige aus einer Mordanklage und kein Wissenschaftler liefert alle paar Wochen bahnbrechende wissenschaftliche Erkenntnisse.

Wäre schön, ist aber nicht so. Der Alltag ist in der Notaufnahme eher geprägt von Grippe-Epidemien, Blasenentzündungen am Wochenende, ganz normalen Knochenbrüchen und immer mal wieder einem Herzinfarkt. Dazu kommen 48-Stunden-Dienste, Unterbesetzung und Leistungsbezahlung wie in einem Wirtschaftsunternehmen. Davon haben *Der Landarzt* und *Grey's Anatomy* den jungen Medizinstudenten nicht berichtet. Okay, von den Überstunden vielleicht, aber da waren dann ja auch die gut aussehenden Oberärztinnen und -ärzte ... Und auf einmal trifft Realität auf Vorstellung. Dann wird klar: Nicht jeder Oberarzt ist gut aussehend. Und die genialen Koryphäen auf ihrem Gebiet, die einen unter ihre Fittiche nehmen, gibt es auch nicht wie Sand am Meer. Die meisten erwischen einen ganz normalen Menschen mit ganz normalen Stärken und Schwächen als ersten Chef.

Es ist vollkommen normal, dass die berufliche Realität anders aussieht, als man das in seinen jugendlichen Vorstellungen gedacht hat. Kein Problem für die Durchmogler, aber diejenigen, die echte Erwartungen hatten, die vielleicht einen Traum davon hatten, wie der Beruf sie einmal erfüllen würde, die sind enttäuscht.

Für normale Vorgesetzte und menschliche Chefs gilt das sogar noch mehr. Wir wollen immer supertoll! Wir wollen das absolute Maximum. Zumindest wird uns das gerne von den Medien und dem eigenen Umfeld suggeriert. Dagegen spricht auch gar nichts, aber das absolute Maximum ist die Ausnahme – nicht die Regel.

Kein Wunder, dass gerade junge Leute montags häufig Brechreiz kriegen und diesen dann Zeit ihres Berufslebens nicht mehr loswerden. Wehret den Anfängen! Grundsätzlich ist es sinnvoll, Berufsanfängern ehrlich zu erklären, was sie erwartet. Die Frage ist: Wer sollte das tun? Eltern, Kollegen und Vorgesetzte. Das bedeutet übrigens nicht, dass wir nicht mehr träumen und nach hohen Idealen streben sollen. Im Gegenteil! Es muss uns einfach klar sein, dass das höhere Ziel, das wir verfolgen, eben verfolgt werden muss. Es ist nicht sofort da. Und wir müssen lernen, auf dem Weg glücklich zu sein. Manchmal stehen wir eben am Skilift an, fallen zwei- bis fünfmal aus dem Schlepplift und wenn wir oben angekommen sind, dann genießen wir die Aussicht und die Abfahrt … Und dann stehen wir wieder am Lift und freuen uns auf die nächste Abfahrt. So ist es im Job. Manchmal dauert es einfach ein bisschen bis zur nächsten Abfahrt.

Doch was tun? Einfach alle Wünsche und Erwartungen streichen? Keinen Anspruch mehr haben? Nein. Doch wir können unsere Erwartungen hinterfragen. Wir können versuchen, realistische, kleine Ziele ins Auge zu fassen. Glück und Zufriedenheit bestehen aus der Kunst der kleinen Schritte.

Erstaunlich, oder? Wenn wir genauer überlegen, was wir wollen, und vor allem genau hinterfragen, wo uns Erwartungen aufgedrängt werden und wo wir sie wirklich selbst entwickeln, können wir so manche Enttäuschung vermeiden.

Und hier noch ein Tipp an alle Chefs und Arbeitskollegen: Gehen Sie behutsam mit Berufseinsteigern gerade von den Hochschulen um, die darauf brennen, sich in eigenen, wenn möglich internationalen Projekten auszutoben. Klären Sie die Erwartungen. Der emotionale Absturz kann vermieden werden, wenn man frühzeitig weiß, woran man ist. Und noch ein Tipp an Stellenanzeigenverfasser: Es lohnt sich, eine Stelle realistisch zu beschreiben. Die Wahrscheinlichkeit, jemanden zu finden, der wirklich auf die Stelle passt und nicht an Montagsübelkeit erkrankt, ist wesentlich höher.

Freiheit – Alles hat seinen Preis [16]

Freiheit, Freiheit
Ist die einzige, die fehlt
Freiheit, Freiheit
Ist die einzige, die fehlt
Der Mensch ist leider nicht naiv
Der Mensch ist leider primitiv
Freiheit, Freiheit
Wurde wieder abbestellt

Marius Müller-Westernhagen, deutscher Rockmusiker, aus *Freiheit*

Ach ja, die Freiheit … Da kommt man frisch von der Uni, mit vielen neuen Ideen im Kopf. Das Vorstellungsgespräch war auch toll und im Assessment Center war alles super spannend. Wir haben uns eingebracht und uns mit voller Begeisterung reingeworfen und der Erfolg war auf unserer Seite, der coole Job ist unser.

Wie geht es dann weiter? Die Vorgesetzten machen einen netten Eindruck und die ersten zwei bis drei Wochen sind mit Neuorientierung besetzt. Danach könnte es dann auch mal losgehen, mit den spannenden Aufgaben und mit der Freiheit. Das denken wir zumindest. Aber ganz schnell wird klar, dass niemand im Unternehmen auf uns und unsere Meinung gewartet hat. Im Gegensatz zu den Verheißungen der Stellenbeschreibung sind wir irgendwie nur ein kleines Rad im großen Getriebe.

Klingt bekannt? Selbstverständlich trifft das nicht für jeden zu. Es gibt genügend Menschen, die ihre Arbeit erfüllend finden, die zufrieden in ihrem Job sind. Diese Menschen treffen wir auch immer wieder auf den Fluren in der neuen Firma. Doch wie machen die das? Warum stört es sie nicht, dass sie sinnlose Ablage machen oder die zehnte Trockenmauer erstellen? Die Antwort ist so banal, dass sie eigentlich jeder kennt: Sie haben keine anderen Erwartungen.

Achtung! Hier steht ganz bewusst »anderen« und nicht »höheren«. Wer meint, höhere Erwartungen zu haben, der impliziert automatisch, dass er etwas Besseres sei. Zumindest sind seine Erwartungen und auch seine Ansprüche etwas Besseres. Und genau das ist die Falle, in die uns Anspruchsdenken treibt. Der Anspruch auf etwas Besseres ist der Killer der Zufriedenheit. Erwartungen sind nichts anderes als Ansprüche. Erstaunlicherweise ist das Wort »Anspruch« sowohl positiv als auch negativ besetzt.

Sehr fatal, denn wer einen hohen Anspruch hat, der ist in der Regel ein Held. Wer aber Ansprüche stellt, der ist in der Regel keiner ... Aber wo ist der Unterschied? Wenn wir ganz ehrlich sind: es gibt keinen.

Um eines klarzustellen: Hohe Ansprüche an sich selbst und auch an seine Arbeit zu haben, ist überhaupt nicht verkehrt. Es ist nur die Frage, ob Arbeitsumfeld und Ansprüche kompatibel miteinander sind. Wenn das nicht der Fall ist, ist das kein zwingender Grund, seine Ansprüche zu ändern. Schließlich kann man ja auch noch sein Arbeitsumfeld ändern. Wer dazu nicht bereit ist, der hat ein Problem und verspürt Frust. Denn eines ist klar: Eines von beiden muss sich ändern, sonst wird sich nie Zufriedenheit einstellen.

Wer montags kotzen muss, weil er sich eingeengt fühlt und weil er das Gefühl hat, er wäre nicht wirklich frei, der muss erst einmal den Begriff »Freiheit« für sich definieren. Gestaltungsfreiheit für eigene Projekte? Oder streben wir in Wahrheit nur nach der Anerkennung unseres Umfeldes?

Eines muss bei unserem Streben nach Freiheit aber ganz klar sein: Freiheit hat ihren Preis. Und der ist nicht ohne. Ein Unternehmer hat die Freiheit, in seinem Laden zu machen, was er möchte. Er kann ihn aber auch an die Wand fahren und steht dann ohne Geld, ohne Alterssicherung und mit der Schmach des Gescheiterten da. Wer in der Firma Freiheit für eigene Projekte am besten mit eigenen Budgets wünscht, der muss sich auch die Frage gefallen lassen, welchen Preis er dafür zahlen möchte? Wäre er bereit, statt des Abteilungsleiters selbst den Kopf hinzuhalten. Viele Menschen wollen mehr Freiräume, aber den Preis dafür zahlen wollen sie nicht. Das funktioniert aber leider nicht. Freiheit beginnt erst am äußeren Rand der Komfortzone. Bequemlichkeit ist etwas anderes.

Wir merken also: Die Frage, ob ich Freiheit will, ist nicht mal eben in fünf Minuten beantwortet. Sie erfordert eine Menge Hirnschmalz und Denkarbeit. Aber es ist der erste Schritt, um den Ursachen der eigenen Montagsübelkeit auf die Spur zu kommen.

Vergessen wir nicht: Freiheit hat ihren Preis.

Wirklichkeit – Was wir wahrnehmen, ist nicht die Realität [17]

Und wenn sie tanzt ist sie wo anders
Für den Moment
Dort wo sie will
Und wenn sie tanzt
Ist sie wer anders
Lässt alles los
Nur für das Gefühl

Max Giesinger, deutscher Singer/Songwriter, aus *Wenn Sie tanzt*

Unser Gehirn ist schon ein wundersames Ding. Es kann so viel und doch so wenig. Witzigerweise haben wir auch unser Gehirn betreffend, Erwartungen und Ansprüche, die sich nicht erfüllen. Wir sind in der Regel tatsächlich der Meinung, dass das, was wir sehen, denken und fühlen, die Realität ist. Das ist aber selten der Fall. Mit anderen Worten **ist** ein Scheißjob nicht scheiße. Wir finden den Job nur scheiße und unser Gehirn sorgt auch dafür, dass diese einmal gefasste Meinung, sich immer wieder bestätigt.

Machen wir das Ganze erst einmal wieder etwas einfacher und beschränken uns auf nur einen Sinneskanal: das Sehen. In der Wahrnehmungspsychologie geht man davon aus, dass das Sehen ein aktiver Sinnesvorgang ist, bei dem das Gehirn versucht, die Signale, die von den Rezeptoren im Auge gesendet werden, sinnvoll zu interpretieren. Mit anderen Worten: Das Gehirn verarbeitet die Signale der Augen nicht nur, es bewertet sie auch zu jedem Zeitpunkt. Dabei sind die grauen Zellen aber leider nicht allwissend und so kommt es zu den sogenannten Wahrnehmungsphänomenen. Eines der bekanntesten Beispiele ist der Rubinsche Pokal. Dabei handelt es sich um ein einfaches Schwarz-Weiß-Bild, auf dem man in der Mitte einen

Pokal beziehungsweise eine Vase erkennt und an den Seiten zwei Gesichter. Anfangs kann man beim Rubinschen Pokal in der Regel entweder nur einen Pokal oder zwei Gesichter, die einander anschauen, sehen. Später kann ohne Probleme zwischen beiden Wahrnehmungen hin- und hergewechselt werden. Am Ende geht es so schnell, dass der Eindruck entsteht, dass man beides gleichzeitig erkennen könnte. Das ist ein Trugschluss. Eines belegt das Bild, welches zu den sogenannten Umspringbildern zählt, aber ganz deutlich: Im Gehirn muss eine bewertende Instanz am Werk sein. Denn nur so ist es zu erklären, dass der eine beim ersten Betrachten den Pokal sieht und der andere die Gesichter. Mit anderen Worten: Ein und dieselbe Realität führt zu zwei völlig verschiedenen Sinneseindrücken. Und da sind wir dann bei der Frage: Wie arbeitet dann unsere Wahrnehmung bei komplexen Situationen?

Ein sehr schönes, wenn auch etwas verstörendes Beispiel hierfür sind Zeugenaussagen. Zeugenaussagen fallen so unterschiedlich aus, dass Polizisten hierzu inzwischen speziell geschult werden, weil man weiß, dass unsere Augen und unser Gedächtnis nicht das sind, wofür wir sie halten. Und nicht nur unsere Augen – also unser visueller Sinn – spielen uns Streiche. Auch unsere Ohren sind nicht wirklich objektiv. Eines der beliebtesten

Was auf uns wirkt, ist nicht die Realität. Es ist nur unsere individuelle Wirklichkeit.

Spiele, um Gehör und Merkfähigkeit zu testen, ist immer noch das Spiel »Stille Post«. Erstaunlicherweise spielen Menschen dieses Spiel jeden Tag, ohne zu wissen, dass sie es spielen. In einem Unternehmen wird eine Information von Person A zu Person B gegeben, dann von Person B zu C und so weiter. Was bei Person K ankommt, ist mit Sicherheit nicht das, was Person A ursprünglich im Sinn hatte. Denn alle beteiligten Personen haben einen Teil der ursprünglichen Nachricht nicht mitbekommen und einen eigenen Teil dazugegeben.

Da drängt sich die Frage auf: Warum sind wir felsenfest davon überzeugt, dass eine Situation so und nicht anders ist? Woher wissen wir immer so genau, was irgendjemand denkt oder von uns will. Oder denken wir nur, wir wüssten es? Klar, aus meiner Perspektive, mit meiner Wahrnehmung, kombiniert mit meinen Erfahrungen und Gefühlen, ist eine Situation so, wie ich sie sehe. Jetzt kommt aber mein Kollege, mein Chef, mein Kumpel oder gar mein Herzblatt mit einer ganz anderen Wahrheit daher und ist natürlich auch felsenfest überzeugt. Aber der/die sieht das natürlich einfach nur falsch …

Zufriedenheit im Job hat sehr viel mit unserer Wahrnehmung zu tun. Und bei unserer Wahrnehmung können wir richtig gut danebenliegen. Daher ist es in allen Situationen, in denen die anderen die Sache vollkommen falsch sehen, immer schlau, einmal zu hinterfragen, ob unsere Wahrnehmung nicht doch etwas einseitig ist.

Fokus – Ich sehe was, was du nicht siehst [18]

Ihr müsst sie nur einmal
mit meinen Augen sehn,
die absolute Frau,
ihr würdet mich verstehn.

Klaus Lage, deutscher Rockmusiker, aus *Mit meinen Augen*

Die Tatsache, dass wir ein Bild einmal so und einmal so sehen, legt nahe, dass unsere Erfahrungen, unsere vergangenen Wahrnehmungen und Deutungen, in die Wahrnehmung des aktuellen Musters eingehen. Die Psychologen nennen so etwas Einstellung; wir sind offenbar so eingestellt, nicht bloß zu sehen, sondern das, was wir sehen, im Lichte unserer Erfahrungen unmittelbar zu deuten. Wir bemerken, dass ein und dasselbe Ding (beispielsweise ein Objekt der Außenwelt) anders wahrgenommen werden kann. Wahrnehmungen ein und derselben Sache können also einander widersprechen. Solche Diskrepanzerfahrungen machen uns deutlich, dass es einen Unterschied gibt zwischen dem, was wir sehen, und dem, was es ist.

Aha, mit anderen Worten haben unsere Ansprüche und Erwartungen auch etwas mit unseren Erfahrungen zu tun. So weit, so klar. Allerdings zeigen Diskrepanzerfahrungen zwischen unserer Unzufriedenheit und der Zufriedenheit der Kollegen, dass die zufriedenen Kollegen offensichtlich auch recht haben und ihre Wahrnehmung auch einen Teil der gemeinsamen Arbeitsrealität abbildet.

Die nervige Tante der Diskrepanzerfahrungen ist übrigens die Aufmerksamkeitsblindheit. Sind wir erst einmal überzeugt, eine Sache sei so und nicht anders, schickt unser Gehirn Tante Aufmerksamkeitsblindheit los und lässt sie nur noch die Sachen suchen, die unsere Meinung, unsere Wahrnehmung und unsere Realität unterstützen. Die Tante blendet – wie ihr Name schon sagt – alles für sie Unwichtige aus ... Blöd, denn so sind wir nur sehr schwer in der Lage, aus einer Jobfrustration wieder herauszukommen.

Und so kommt es vor, dass wir die Kollegen, die ihren Job gern machen, in irgendeiner Form abstempeln, damit wir unsere eigene Meinung behalten dürfen. Denn genau das will unser Gehirn.

Eine sehr unterhaltsame Art, die Aufmerksamkeitsblindheit nachzuweisen, hatten die beiden amerikanischen Psychologen Daniel Simons und Christopher Chabris. Sie erstellten einen Film mit folgendem Inhalt, um die Aufmerksamkeitsblindheit der Versuchsteilnehmer nachzuweisen: Zu sehen sind zwei Basketballteams, die sich je einen Ball hin- und herspielen. Ein Team trägt weiße T-Shirts, das andere schwarze. Vor Beginn des Spiels werden die Probanden gebeten, zu zählen, wie oft das Team mit den weißen T-Shirts den Ball hin- und herpasst. Das Ergebnis ist fast immer richtig. Allerdings übersieht über die Hälfte einen Gorilla, der während des Spiels mitten durchs Bild läuft. (Chabris/Simons 2011)

Einen ähnlichen Film zeige ich regelmäßig in Seminaren und bei mir liegt die Quote der Aufmerksamkeitsblindheit sogar fast bei 100 Prozent. Vielleicht kommt es daher, dass ich meinen Teilnehmern vorher noch suggeriere, wie schwer es ist, die richtige Anzahl der Pässe herauszufinden. Entsprechend konzentriert sind diese dann beim Beobachten der Ballpässe und übersehen dann sehr schnell den Gorilla, der durch das Bild läuft. Tante Aufmerksamkeitsblindheit hat voll zugeschlagen.

Aber wie kommt es, dass wir glauben, alles mitzukriegen, in Wahrheit jedoch nur einen Bruchteil des Geschehens wirklich aufnehmen? Psychologen und Neurowissenschaftlern ist längst klar, dass das, was wir sehen, nicht die Welt an sich ist, sondern nur ein Bild, welches unser Gehirn konstruiert. Eine mögliche Erklärung liefert der Philosoph und Neurobiologe Gerhard Roth in seinem im Jahre 2000 erschienen Buch *Das Gehirn und seine Wirklichkeit*. Dort beschreibt er, dass ein im Biologieunterricht gelehrter Versuch mit Ochsenaugen zu Missverständnissen führt. In dem Versuch wird gezeigt, wie durch die Pupille ein auf dem Kopf stehendes Bild auf die Netzhaut projiziert wird. So entsteht der Eindruck, dass bereits im

Auge die Umwelt 1:1 abgebildet wird und von dort einfach nur ins Gehirn weitergeleitet würde. So einfach funktioniert Wahrnehmung aber nicht. Auf der Netzhaut entsteht eben noch kein Bild. Dort finden nur Nervenreizungen statt und diese Reizinformationen werden über den Sehnerv direkt ins Gehirn geschickt, welches sie analysiert und aus den Reizimpulsen ein Bild zusammensetzt. Zwar wird im Biologieunterricht der Zusammenhang richtig erklärt, aber Bilder bleiben im Kopf besser hängen. Und zwar bei vielen Menschen.

Mach dir einmal den Spaß und suche mit der Suchmaschine deiner Wahl nach Bildern zum Begriff »Sehvorgang«, du wirst jede Menge Bilder erhalten, auf denen ein Objekt 1:1 über Kopf auf die Netzhaut projiziert gezeigt wird, obwohl das so nicht stimmt.

Die Preisfrage ist also: Wo verlieren wir den Gorilla aus den Augen? Schon im Auge? Oder auf dem Weg ins Gehirn? Ehrlich gesagt, weiß ich es auch nicht. Und das ist auch überhaupt nicht schlimm, denn es ändert ja nichts an der Tatsache, dass wir den Gorilla nicht auf dem Schirm haben. Wo der Fehler passiert, ist in diesem Falle nicht wirklich relevant. Wir müssen uns nur immer wieder klarmachen, dass wir lediglich die Dinge wahrnehmen, die wir gerade im Fokus haben – auf die wir eingestellt sind.

Übrigens werden wir in dieser Hinsicht auch von Google manipuliert. Nicht nur von unserem eigenen Verstand. Jeder hat schon einmal von dem Google-Algorithmus gehört. Dieser Algorithmus wertet das Suchverhalten auf dem jeweiligen Computer aus.

Das heißt, wenn du beispielsweise mit deinem Smartphone etwas über Google suchst, dann speichert Google diese Suche ab und ordnet sie deinem Smartphone zu. Die Idee dahinter ist, dir bei der Googlenutzung die Werbung und auch die Suchergebnisse zu zeigen, die zu dir passen könnten. Das bedeutet, dass Google nach einer gewissen Zeit ungefähr weiß, wie du tickst, und entsprechend deinen Präferenzen werden dir Suchergebnisse gezeigt. Das heißt, wenn du beispielsweise auf der Suche nach Nachrichten beziehungsweise Informationen zu einem bestimmten Sachverhalt bist, dann kann es schon mal schwierig werden, auf den ersten zwei Suchergebnis-Seiten einen echten Überblick zu erhalten. Wahrscheinlicher ist es, dass dir ein Ergebnis gezeigt wird, welches deinem sonstigen Suchverhalten entspricht. Wenn du also andere Ergebnisse erhalten willst, oder auch einmal andere Meinungen oder Medien sehen willst, dann nutze verschiedene Suchmaschinen, klicke andere Beiträge als sonst an oder suche einfach mal mit dem Computer deines Kumpels.

Google funktioniert also ähnlich wie wir selbst. Spannend, oder? Sehr spannend ist in diesem Kontext übrigens auch unsere Sprache: Der Begriff »Einstellung« bedeutet im technischen Bereich das richtige Trimmen für einen bestimmten Messbereich. Wie trimmen wir uns, wenn wir ermitteln wollen, wie gut oder schlecht unsere berufliche Tätigkeit ist? Wie stellen wir also fest – und zwar möglichst ohne Wahrnehmungsfehler – dass unser Montagsfrust auf wahren Gegebenheiten beruht?

Zunächst einmal gehört in jeden Erste-Hilfe-Kasten für Montagsübelkeit daher die Frage: Worauf bin ich heute eingestellt? Wo habe ich meinen Aufmerksamkeitsfokus justiert? Wo hat vielleicht mein Unterbewusstsein, zum Beispiel aus Gewohnheit und aufgrund meiner Erfahrungen, schon mal den Autopiloten eingestellt, ohne dass ich es bemerkt habe?

Wenn ich schon darauf eingestellt bin, dass alles immer schlecht und ungerecht ist, dann ist die Wahrscheinlichkeit, dass ich etwas Positives finde, sehr gering. Wenn ich darauf fokussiert bin, das Negative zu sehen, dann werde ich es auch finden. Die gute Nachricht: Umgekehrt wird natürlich auch ein Schuh draus. In Wirklichkeit ist die Situation aber gar nicht positiv oder negativ. Sie ist erst einmal nur, wie sie ist. Für den Rest sorgen wir selbst.

Shifting Baselines – Wir sind alle verwöhnte Gören [19]

When a rocket blows
And everybody still wants 2 fly
Some say a man aint happy, truly
Until a man truly dies

Prince, US-amerikanischer Sänger, aus Sign 'o' the times

Arbeitgeber agieren heutzutage wie Helikoptereltern. Sie pampern ihre Angestellten und blasen ihnen Zucker in den Arsch, wo sie nur können. Es gibt Kinderbetreuung, Kantine, Weiterbildungsangebote, im Intranet gibt es Chats und nach Feierabend oder in der Mittagspause treffen sich gesponserte Betriebssportgruppen und so weiter.

Waaaaaaas? Aber nicht mein Arbeitgeber. Bei uns weht ein ganz anderer Wind … Ganz ehrlich? Das glaube ich nicht! Ich nehme hier ausdrücklich nur die wirklich fiesen Arbeitgeber aus, die wegen ihrer miesen Arbeitsbedingungen immer wieder vor Gericht erscheinen müssen und dann auch in der Presse zur Verantwortung gezogen werden. Ich spreche hier von ganz normalen Unternehmen. Denn die meisten Unternehmen haben inzwischen verstanden, dass die sogenannten Hygienefaktoren bedient werden müssen, damit ein Angestellter volle Leistung bringen kann und will. Unternehmen wissen, dass die Gewährung derartiger Extras sich für sie auszahlt. Das ist einfache Mathematik.

Das Problem daran ist, genau wie bei verwöhnten Kindern: Wir halten diese ganzen Privilegien ganz schnell für selbstverständlich und nehmen sie nicht als Privilegien, sondern als Grundvoraussetzung wahr. Wer jeden Tag in einer Kantine für weniger als fünf Euro essen kann, der fängt schnell an, sich über die Qualität des Essens oder die schlecht eingerichtete Kantine zu beklagen. Arbeitnehmer ohne Kantine im Betrieb oder ohne ein kleines Restaurant mit Mittagstisch um die Ecke werden sich verwundert die Augen reiben, wenn sie entsprechende Klagen hören.

Dieses Phänomen ist nicht Ausdruck mangelnder Erziehung oder mit grundsätzlich fehlender Dankbarkeit zu begründen. In der Regel steckt hinter unserem Luxusproblem etwas anderes: das Shifting-Baselines-Syndrome.

Die Baseline ist in der Forschung der Ausgangswert. Eben der Wert, der als mehr oder weniger »normal« betrachtet wird und von dem aus dann Studien und Untersuchungen gestartet werden. Die Baseline wird zu Beginn eines Forschungsprojektes definiert, indem sich die Wissenschaftler entsprechende Referenzpunkte als Nulllinie zum Beispiel in der Vergangenheit suchen. Und genau da liegt das Problem. Wo ist denn überhaupt die Nulllinie?

Dem amerikanischen Meereswissenschaftler Daniel Pauly fiel 1995 auf, dass jüngere Wissenschaftler dazu tendierten, ihre Referenzpunkte auf der Zeitachse später zu setzen als ältere Kollegen. Da Pauly sich schwerpunktmäßig mit der Veränderung der Fischbestände und der Artenvielfalt beschäftigte, ist das durchaus ein Problem. Womit Veränderungen vergleichen? Mit den Fischbeständen aus Achtzehnhundertschießmichtot oder mit den Beständen aus den Siebzigerjahren des letzten Jahrhunderts? Ein Thema, welches im Hinblick auf den Klimawandel in der Wissenschaft fortan thematisiert wurde. Alle, die Anfang der Siebzigerjahre und vorher geboren wurden, haben dieses Phänomen übrigens schon am eigenen Leib erfahren, ohne es zu merken. Ende der Siebziger-, Anfang der Achtzigerjahre war die Sonneneinstrahlung noch nicht so intensiv wie heute. Wer zu dieser Zeit eine Sonnencreme benutzte, hatte schon empfindliche Haut. Üblich waren Lichtschutzfaktoren zwischen zwei und acht. Wer sehr empfindlich war, benutzte zehn. Mit Lichtschutzfaktor zwölf wurden Babys geschützt. Das ist heute kaum noch vorstellbar. Und es ist nicht so, dass damals alle Leute mit Sonnenbrand rumliefen. Im Gegenteil. Zwischenzeitlich hat sich die Sonneneinstrahlung verändert. Und mit ihr die Lichtschutzfaktoren. Heute ist es völlig normal, dass eine ordentliche Sonnencreme mindestens Lichtschutzfaktor zehn hat. Die normale Tagespflege und jedes gute Make-up sind heute mit Lichtschutzfaktor zehn ausgestattet ... Das ist inzwischen völlig selbstverständlich. Vor vierzig Jahren hätten wir die Idee belächelt: Shifting Baseline! Unsere Nulllinie hat sich mit den Jahren unbemerkt verändert.

So geht es uns auch bei der Arbeit. Klimaanlage? Völlig normal. Und was für eine Quälerei das doofe Ding ist! Andauernd wird man krank. Außerdem kann man es nicht mal individuell regeln. Kantine, Bildungsurlaub, Urlaubsgeld und geregelte Arbeitszeiten: völlig normal. Schon fast lustig, dass Unternehmen so etwas noch in ihre Stellenanzeigen schreiben. Damit lockt man doch keinen Hund mehr hinter dem Ofen vor. Die Firma kommt aber total arbeitnehmerfeindlich rüber, denn das Urlaubsgeld wird nicht flexibel ausgezahlt: Frechheit. Und dann stimmt oft auch die Abrechnung nicht. Nicht mal das kriegen die Deppen in der Personalabteilung hin. Der Bildungsurlaub ist eine absolute Zumutung! Nur zertifizierte Bildungseinrichtungen dürfen genutzt werden – unglaublich. Wieso kann man sich das nicht aussuchen. Ist doch schließlich freiwillig. Und die Kantine erst ... Na ja, über die brauchen wir gar nicht reden. So gemütlich wie eine Bahnhofshalle und die Qualität kommt einfach nicht an den Lieblingsitaliener ran. Großküche halt.

Wir sind schon ziemlich verwöhnte Gören. Aber das Schlimmste ist: Wir merken es nicht. Die Chefetage schon. Denn die beschwert sich über ihre anspruchsvollen Mitarbeiter und so rutschen wir Hand in Hand mit der Unternehmensleitung in ein Eltern-Kind-Verhältnis, in dem sich beide Seiten extrem unwohl fühlen, aber nicht wissen, wie sie dort wieder herauskommen sollen.

Eine Möglichkeit wäre, dass sich beide Seiten das Shifting-Baselines-Phänomen vor Augen führen. Die Angestellten, indem sie sich regelmäßig klarmachen, welche Privilegien sie haben, und die Arbeitgeber, indem sie sich klarmachen, dass ihre Angestellten seit Jahren gute Leistungen bringen, an die man sich ebenfalls schon gewöhnt hat.

Ein sehr gutes Mittel gegen Montagsblues und andere Unzufriedenheiten ist daher, sich einfach mal wieder ins Bewusstsein zu rufen, wie gut es uns geht, egal, ob Mitarbeiter oder Führungskraft.

[20] Gewohnheiten – der härteste Klebstoff der Welt

Warum fällt es schwer zu erkennen,
was Wirklichkeit ist und was Schein?
Zu stark ist die Macht der Gewohnheit,
man fällt auf sie zu gern herein.

Hermann van Veen, niederländischer Singer/Songwriter, aus *Macht der Gewohnheit*

Alles, woran wir uns gewöhnen, was wir immer wieder tun, wird mit der Zeit langweilig. Unser Gehirn schaltet auf Autopilot und wir haben das Gefühl, wie ferngesteuert durch unseren Arbeitsalltag zu navigieren. Das haben wir uns doch anders vorgestellt, oder? Wo ist die Aufregung? Wo sind die neuen Herausforderungen? Wo ist das persönliche Wachstum?

Gewohnheiten sind manchmal gut und manchmal schlecht, aber sie sind im Joballtag vor allem eines: laaaaaaaangweilig!

Dabei sind Routinen aus Sicht unseres Gehirns ungemein praktisch. Unser Gehirn hat sogar ein sehr valides Interesse daran, Gewohnheiten zu entwickeln. Aus Energiespargründen. Tatsächlich ist es sogar so, dass unser Gehirn sich bei Routinehandlungen und Gewohnheiten ausruht. Das hat ein Team um die Neurowissenschaftlerin Ann Graybiel in den USA herausgefunden. Die Wissenschaftler ließen Ratten durch ein Labyrinth laufen, an dessen Ende ein Stück Schokolade auf sie wartete. Zum Start ertönte immer ein Tonsignal und dann wurde die Klappe zum Labyrinth geöffnet. Anfangs waren die Gehirne der Tiere, welche die Wissenschaftler verdrahtet hatten, noch sehr aktiv und sämtliche Hirnregionen leuchteten. Nach ein paar Versuchen änderte sich das jedoch. Hatten die Ratten gelernt, wie das

Labyrinth funktioniert, fuhren ihre Hirne bei Erklingen des Signaltons die Aktivität nicht mehr rauf, sondern runter. Sie machten Pause ... (Graybiel 2010) Eine sinnvolle Einrichtung der Natur für den Körper, denn das Gehirn ist eine Energieschleuder. Es benötigt rund 20 Prozent des Gesamtenergiebedarfs und belegt damit nach der Leber Platz zwei der Verbrauchercharts.

Kein Wunder, das Gehirn hat auch jede Menge zu tun, denn einen Leerlauf gibt es nicht, selbst wenn es im Pausenmodus ist, ist es aktiv. Nicht so aktiv wie beim aktiven Denken, aber aktiv.

Gewohnheiten sind neuronal effizient und daher für unser Hirn erstrebenswert. Man könnte fast sagen, sie sind der Ruhemodus unseres Denkorgans. Und wir bemerken den Ruhemodus, unsere Gewohnheiten, in der Regel nicht. Erst wenn wir sie ändern wollen, dann wird es haarig, denn die Macht der Gewohnheit ist der härteste Klebstoff der Welt.

Mit welchem Bein bist du heute Morgen aufgestanden? Wie lange und mit welcher Hand putzt du dir die Zähne? Mit welchem Fuß trittst du zuerst aus der Haustür? Ziehst du im Winter zuerst die Jacke an oder setzt du zuerst die Mütze auf? Und kennst du das komische Gefühl, wenn du auf einmal im Büro ankommst und den Weg gar nicht bewusst registriert hast? Unheimlich, aber tausendmal geübt und dadurch so routiniert, dass der präfrontale Kortex keine Notiz mehr von den Abläufen nimmt. Aber genau der müsste mitspielen, damit uns der Vorgang bewusst wird.

Psychologen gehen übrigens davon aus, dass Gewohnheiten eine zeitliche und eine räumliche Komponente haben. Wir machen die gleichen Dinge immer zur gleichen Zeit und am gleichen Ort. Daher ist es leichter, Gewohnheiten zu verändern, wenn wir auch Zeit und Raum verändern.

Was hat das jetzt nun wieder damit zu tun, dass mir montags immer schlecht ist? Na ja, die Montagsroutine ist halt die Übelkeit. Damit geht es schon mal los. Welche Routinen und Gewohnheiten habe ich außerdem, wenn es um meine Arbeit geht? Und vor allem: Sind mir diese Gewohnheiten und Gedanken zuträglich? Bringen sie mich weiter?

Wer an Montagsübelkeit leidet, muss wissen: Unser Gehirn legt uns nicht nur zuträgliche Gedanken auf den Schirm. Es zeigt uns in der Regel ein Angebot von Denkpfaden und wir springen dann auf den einen oder anderen Pfad an. Auch das ist eine Gewohnheit. Ein Denkmuster. Wir haben uns daran gewöhnt, uns jeden Tag über die Unfähigkeit unserer Chefs, Kollegen und/oder Mitarbeiter aufzuregen. Eine liebgewonnene Gewohnheit und so schön bequem. Wir haben uns an immer neue sinnlose Verordnungen und Arbeitsanweisungen gewöhnt, die uns regelmäßig auf die Palme bringen. Kein Problem, dann rasten wir doch vorsichtshalber schon montagmorgens aus, wenn der Wecker klingelt. Schließlich erwartet uns wieder eine sinnbefreite Woche, vollgepackt mit schwachsinnigen Anweisungen. Wir kommen gar nicht auf die Idee, dass diese Gedanken nichts anderes sind als schlechte Gewohnheiten – schlechte Denkgewohnheiten.

Und wie es mit allen schlechten Gewohnheiten so ist: Wir müssen ihnen nicht nachgeben. Wir müssen nicht in diesen Mustern denken. Wir können auch anders. Ist aber anstrengend, denn wir müssen aus dem Ruhemodus in den Arbeitsmodus umschalten … Da es nun mal leichter ist, neue Gewohnheiten zu etablieren als alte abzuschaffen, warum nicht einfach mal was Neues ausprobieren? Anstatt morgens mit immer den gleichen Kollegen an der Kaffeemaschine immer die gleichen Meckertiraden durchzuhecheln, einfach mal einen Kaffee mitbringen und am Arbeitsplatz genießen und überlegen, welche Aufgaben heute Spaß machen könnten. Oder mal das Zeit-Raum-Muster durchbrechen und früher oder später im Büro auftauchen. Da trifft man plötzlich andere Leute an der Kaffeemaschine. Es gibt so viele Möglichkeiten, den Tag zu starten und ihm so eine andere Richtung zu geben.

Zeit – das ewige Thema [21]

»If you listen you can hear it call. (Wailaree)
There is a river called the river of no return,
sometimes it's peaceful and sometimes wild and free.«

Marilyn Monroe, US-amerikanische Sängerin und Schauspielerin,

aus *The river of no return*

Wer seinen Job gern macht, der hat nicht das Gefühl, seine Zeit zu verschwenden. Was für eine Erkenntnis ... Aber was ist Zeit überhaupt? Wenn man sie verschwenden kann, dann muss sie eine Ressource sein, das ist schon mal klar, eine flüchtige noch dazu ... Aber warum scheinen manche Leute immun gegen Zeitmangel zu sein, das kann doch nicht nur daran liegen, dass sie ihren Job gern machen? Was ist mit diesen aktuell so verbreiteten Geschichten, dass man nicht mehr Zeit gegen Geld tauschen sollte? Und warum hatten wir als Kinder gefühlt wesentlich mehr Zeit als heute? Warum gingen die Jahre unserer Kindheit so langsam an uns vorbei, während unser Erwachsenendasein förmlich an uns vorbeirast? Warum dauert eine Stunde in einem langweiligen Meeting länger als eine Stunde anregender Gespräche mit guten Freunden?

Unser Zeitempfinden scheint ganz offensichtlich etwas damit zu tun zu haben, wie wir unsere Zeit verbringen. Das Phänomen, dass wir im Alter das Gefühl haben, die Zeit verginge schneller, hat zum einen damit zu tun, dass unsere biologische innere Uhr langsamer läuft. Dadurch wird die physikalische Zeit als schneller empfunden. Man kann sich den Effekt in etwa so vorstellen: Zwei Züge fahren in gleicher Richtung nebeneinanderher. Zuerst haben beide die gleiche Geschwindigkeit. Nun wird ein Zug – der, in dem wir sitzen – ganz allmählich immer langsamer. Wenn wir nun aus dem Fenster schauen, dann kommt es uns so vor, als ob der andere Zug schneller geworden ist, obwohl unser Zug immer langsamer wurde ...

Darüber hinaus hat unser Zeitempfinden auch viel mit der Fülle von Ereignissen in einem Zeitraum zu tun. So kommt es, dass eine Stunde, in der eigentlich nichts passiert, beispielsweise im Wartezimmer eines Arztes oder im Stau auf der Autobahn, als lang empfunden wird. Während eine Stunde, in der wir viel zu tun haben oder in der wir Dinge tun, die wir lieben, als kurz empfunden wird.

Da unser Zeitempfinden mit dem Alter empfindlicher wird, werden wir natürlich auch aufmerksamer, wie wir unsere Zeit verbringen. In dem Zusammenhang ist es nur logisch, dass wir die größten Zeitfresser in unserem Leben auf den Prüfstand stellen. Tja, und die meiste Zeit unseres Lebens verbringen wir nun mal bei der Arbeit. Das ist noch nicht einmal gut oder schlecht. Es ist, wie es ist.

Meiner Ansicht nach stellen wir in diesem Zusammenhang ganz oft die falschen Fragen. Die wohl am häufigsten gestellte Frage haben wir schon im Buch an mehreren Stellen besprochen. Es ist die Frage nach dem Sinn. Statt zu fragen, ob Arbeit uns guttut, suchen wir immer wieder nach dem höheren Sinn. Was bedeutet meine Arbeit für die Welt, die Gesellschaft, das große Ganze? Ist sie überhaupt wichtig? Keine wirklich klugen Fragen, denn bei der Antwort können 99 Prozent der Menschen nur verlieren. Denn nicht jeder ist Bundeskanzler und kann das Wohl des Landes formen oder ein Arzt ohne Grenzen, der in Bangladesch blinden Menschen das Augenlicht zurückgibt. Außerdem bedeutet eine positive Leistung mit gesellschaftlicher Anerkennung nicht automatisch Glück und Zufriedenheit für die eigene Person. Schon mal darüber nachgedacht?

Der Sinn, nach dem wir häufig in diesem Zusammenhang fragen, ist die Ausnahme, nicht die Regel. Wir suchen nach dem Besonderen. Aber das Besondere ist selten und eben eine Ausnahme, sonst wäre es ja nicht so besonders. Ein gutes Beispiel hierzu liefert ein Open-Air-Konzert in einem Fußballstadion. Zehntausend Menschen singen und tanzen zur Musik einer einzigen Person. Ohne Frage sind statistisch gesehen mehrere Menschen im Publikum, die das Konzert mindestens genauso gut, wenn nicht sogar besser spielen könnten. Tun sie aber nicht. Aus verschiedensten Gründen. Ein paar von ihnen wissen vermutlich nicht einmal, dass sie eine musikalische Begabung besitzen. Darum geht es allerdings weniger. Es geht darum, dass der Künstler auf der Bühne nur etwas Besonderes ist, weil ihm zehntausend Menschen zuschauen. Das ist es doch im Grunde, was wir wollen. Wir wollen, dass Menschen uns wahrnehmen und sehen, was wir tun. Oder nicht? Und bei unserem von außen befeuerten Größenwahn vergessen wir, dass wir das schon längst haben. Jeder von uns wird gesehen, nur sieht das nicht jeder. Sicherlich auch nicht von zehntausend Menschen oder der ganzen Welt, aber muss es denn tatsächlich so riesig sein? Und macht das wirklich glücklich? Vor lauter Streben nach unserem Platz in der Welt vergessen wir häufig, dass wir längst einen Platz in der Welt haben. Und wir vergessen, dass wir unsere Zeit sinnvoll nutzen sollten, und zwar für das, was wir haben.

Prioritäten – Wie verbringst du deine Zeit? [22]

Ach Kind, komm' laß die Fragerei'n,
Für sowas bist du noch zu klein,
Du bist noch lange nicht soweit.
Das hat noch Zeit ...

Udo Jürgens, deutscher Sänger, aus *Tausend Jahre sind ein Tag*

Ein Professor, der eine Stunde Zeit hatte, um seinem Publikum etwas über den Umgang mit knapper Zeit zu lehren, führte folgendes Experiment vor: Er zog einen großen Glaskrug unter seinem Rednerpult hervor und betrachtete seine Zuhörer, die aufmerksam seinen Handlungen folgten. Der Professor stellte den Glaskrug auf sein Pult und füllte ihn vorsichtig mit etwa einem Dutzend tennisballgroßer Steine, bis der Krug randvoll war und kein weiterer Stein mehr darin Platz hatte.

»Ist der Krug voll?«, fragte er sein Publikum. Alle antworteten: »Ja!«

Er wartete und fragte nach: »Tatsächlich?« Daraufhin bückte er sich, holte ein Gefäß mit kleinen Kieselsteinchen hervor und kippte alle sorgfältig in den Glaskrug. Er bewegte den Krug leicht hin und her, sodass die kleineren Kieselsteine sich zwischen den großen Steinen verteilten, bis alle Lücken gefüllt waren. Der Professor hob den Kopf und fragte erneut: »Ist dieser Krug voll?«

Die Teilnehmer waren verunsichert. Einer antwortete: »Wahrscheinlich nicht.« – »Gut«, antwortete der Professor. Er neigte sich nach unten und holte diesmal einen Eimer mit Sand. Er goss den Sand in den Glaskrug. Der Sand füllte die Räume zwischen den großen Steinen und den kleineren Kieselsteinen. Noch einmal fragte der Professor:

»Ist der Krug voll?« – Ohne zu zögern, entgegneten alle Zuhörer: »Nein!«

»Gut«, sagte der Professor und nahm eine Kanne mit Wasser und goss es in den Krug, bis der Krug randvoll war. Nun erhob sich der Professor und fragte die Gruppe: »Was will uns diese Vorführung sagen?« Der Mutigste unter den Zuhörern meinte in Anbetracht des Vortragsthemas: »Sie zeigt uns, dass wir sogar dann, wenn wir meinen, dass unser Kalender randvoll ist, noch weitere Termine vereinbaren und Dinge erledigen können, wenn wir es wirklich wollen.«

»Nein«, sagte der Professor, »darum geht es nicht. Was wir wirklich aus diesem kleinen Experiment lernen können, ist Folgendes: Wenn wir nicht als Erstes die großen Steine in den Krug legen, werden sie später niemals alle hineinpassen.« Es folgte ein Moment des Schweigens. »Was sind die großen Steine in Ihrem Leben?«, fragte der Professor. »Ihre Gesundheit? Ihre Familie? Ihre Freunde? Die Verwirklichung Ihrer Träume? Tun, was Ihnen gefällt? Dazuzulernen? Entspannung? Oder etwas ganz anderes?«

Wenn wir alltäglichen Nebensächlichkeiten Vorrang geben – den Sandkörnchen, den Kieselsteinen und dem Wasser –, dann füllen wir unser Leben damit auf, und am Ende fehlt uns die Zeit, uns den wirklich wichtigen Dingen zu widmen. Was, wenn uns zum Beispiel bewusst wird, dass die Suche nach einem höheren Sinn uns die Sicht für den tatsächlichen Sinn unseres Tuns versperrt? Dann stehen wir montags plötzlich auf und uns ist nicht mehr automatisch schlecht.

Chefs – Vom Trottel bis zum Arschloch ist alles dabei [23]

Bück dich hoch! Komm, steiger den Profit!
Bück dich hoch! Sonst wirst du ausgesiebt!
Bück dich hoch! Mach dich beim Chef beliebt!
Bück dich hoch! Auch wenn es dich verbiegt!

Deichkind, deutsche Band, aus *Bück dich hoch!*

Das ist ja alles schön und gut, aber mein Chef ist halt ein Arschloch und unfähig ist er obendrein, werden jetzt einige denken. Da stellt sich die Frage nach großen und kleinen Steinen gar nicht: Da fällt es einfach nur schwer, überhaupt motiviert zu bleiben. Solche Gefühlslagen kenne ich aus eigener Erfahrung aus meiner Zeit in Unternehmen. Auch heute treffe ich als Trainer und Coach immer noch auf solche Exemplare. Allerdings eher selten, denn die Führungskräfte mit Arschlochfaktor gehen in der Regel nicht zu Fortbildungen. Und wenn doch, dann nur zu solchen, wo ihnen erzählt wird, dass sie alles richtig machen. Ein Dilemma. Wenn sie in einem Seminar landen, dass ihnen echte Selbstreflexion und ein Infragestellen der eigenen Haltungen abverlangt, dann sabotieren sie entweder das Seminar oder fangen, an Theater zu spielen.

Es ist noch gar nicht so lange her, da hatte ich so ein Exemplar bei mir im Seminar sitzen. Anfangs war noch alles in Ordnung, aber je herausfordernder die Aufgaben wurden, umso mehr ging er in die Offensive. Dieser Mensch hatte kein Interesse daran, sich und sein Tun infrage zu stellen. Eigentlich war er nur da, um ein neues Motivationstool für seine Mannschaft zu finden, die aus seiner Sicht nicht genug Leistung brachte.

In so einem Fall ist es sicher angebracht, einen Firmenwechsel in Betracht zu ziehen. Denn ein Chef mit Arschlochfaktor ändert sich in der Regel nicht. Vor allem dann nicht, wenn seine Zahlen stimmen und von oben kein Druck auf ihn ausgeübt wird. Da muss man dann entweder mit leben oder sich ein neues Arbeitsumfeld suchen.

Mach in diesem Fall aber nicht den Kardinalsfehler Nummer eins: Such dir nicht deinen neuen Job nach Firma und Anforderungsprofil aus.

Was? Ist das nicht der typische Weg? Warum soll das denn ein Fehler sein? Ganz einfach: Firma und Anforderungsprofil sind keine geeigneten Kriterien, wenn man einen Job ohne Frustfaktor sucht. Denn viel wichtiger als Firmenimage und Stellenprofil ist für unser Wohlbefinden, womit wir uns im Job tagtäglich auseinandersetzen müssen. Natürlich sollte das Anforderungsprofil passen, aber darüber dürfen wir nicht die zwei wichtigsten Faktoren für Montagsübelkeit vergessen: Kollegen und Vorgesetzte. Niemand kotzt montags, weil sein Anforderungsprofil bei der Einstellung nicht stimmte. Wir kotzen, weil wir doofe Kollegen und unfähige Chefs haben. Mit tollen Kollegen und vorbildlichen Chefs ist jeder Job toll. Darum finde ich die Probezeit auch wirklich toll. Schade, dass sie von Arbeitnehmern so selten als das gesehen wird, was sie ist: ein bezahlter Test. Nicht nur Arbeitnehmer, auch Arbeitgeber dürfen in dieser Zeit beweisen, ob der Arbeitsalltag und das Arbeitsumfeld den vollmundigen Auslobungen der Stellenausschreibungen tatsächlich gerecht werden.

Meine Empfehlung ist: Wähle dein Betätigungsfeld danach aus, wie die Kollegen miteinander umgehen und wie Führungskräfte mit den ihnen anvertrauten Mitarbeitern unterwegs sind. Meide Biotope, in denen du vermehrt auf Narzissten, Choleriker und Vollblutegomanen triffst. Gleich und Gleich gesellt sich in der Regel gern ...

Angst – der unheimliche Chef [24]

Ich bin doch keine Maschine!
Ich bin ein Mensch aus Fleisch und Blut
Und ich will leben, bis zum letzten Atemzug
Ich bin ein Mensch mit all meinen Fehlern
Meiner Wut und der Euphorie
Bin keine Maschine,
ich leb' von Luft und Fantasie

Tim Bendzko, deutscher Singer/Songwriter, aus *Keine Maschine*

Man mag es kaum glauben, aber viele Menschen haben Angst vor ihrem Chef. Zumindest vor der Institution an sich. Nein, werden jetzt viele Leser aufschreien. Ich habe doch keine Angst vor meinem Chef. Das ist doch lächerlich.

Kann sein. Aber mal angenommen, du arbeitest in einer Firma, in der Arbeitsplätze nicht mehr zu 100 Prozent sicher sind. Wir leben trotz niedriger Arbeitslosigkeit in einer Zeit, in der selbst große Bankhäuser Teile ihrer Belegschaft abbauen müssen und Autokonzerne von Skandalen geschüttelt werden, namhafte Airlines pleitegehen und in der auch Familienunternehmen ins Wanken geraten. Vielleicht hast du gerade eine Familie gegründet und ein Haus gekauft. Die Hypothekenzinsen sind zwar günstig, aber bezahlt werden muss die Hypothek trotzdem. Vielleicht treten beide Partner kürzer für die Kinder oder immer zeitweise einer. Da ist es schon wichtig, dass ein Einkommen sicher ist, damit man finanziell als Familie klarkommt. Okay,

als Single im günstigen Zweizimmerappartement findest du dich in dem Bei-
spiel vielleicht nicht wieder, aber es macht doch recht deutlich, warum der
Job abseits von Zugehörigkeit und Anerkennung und dem anderen Psycho-
brimborium noch wichtig sein könnte. Aber vielleicht hast du als Single auch
finanzielle Verpflichtungen oder Ziele, die von einem gut bezahlten Job ab-
hängig sind. Und was, wenn dein Chef zur ersten beschriebenen Gruppe zählt
und er von seinem Chef wiederum Druck bekommt? Ist ja nicht soooo un-
wahrscheinlich. Ach ja, und der netteste Chef war er sowieso nie. Jetzt frag
dich noch mal ganz kurz, ob Angst nicht auch im Spiel ist.

Klar haben wir mit dem Begriff »Angst« so unsere Probleme. Angst ist ja
auch nichts, was uns direkt betrifft, denn Angst ist was für Feiglinge. Und
das sind wir selbst ja nicht. Falsch! Menschen sind von Natur aus Feiglinge.
Wir stammen nämlich von einer langen Ahnenreihe von Feiglingen ab! Die
mutigen Neandertaler, die sich den Säbelzahntiger mal aus der Nähe anschauen wollten, sind in der Regel nicht mehr dazu gekommen, sich fort-
zupflanzen. Die Angsthasen schon.

Aber was ist Angst eigentlich genau?
Und warum wollen wir partout keine haben?

Angst gehört zu unserer psychologischen Grundausstattung wie Wut,
Trauer, Ekel, Scham und Freude. Tatsächlich sind wir Menschen, was unser
ach so facettenreiches Gefühlsleben anbelangt, dann doch recht einfach
gestrickt. Mehr Gefühle als die aufgezählten haben wir nicht. Wir haben
nur Hunderte Abstufungen und genauso viele Namen dafür. Wenn wir unsicher sind, haben wir im Grunde Angst. Die Grundemotionen reichen für
das Überleben auch vollkommen aus, warum also noch mehr anlegen? Da
ist Mutter Natur pragmatisch. Denn darum geht es bei unseren Emotionen.
Sie sollen unser Überleben sichern.

Scham hilft uns, damit wir uns in unserer sozialen Gruppe vernünftig benehmen. Wichtig, denn ohne unsere soziale Gruppe kommen wir nicht wirklich weit. Wut hilft uns im Kampf zu überleben und uns durchzusetzen. Trauer dient wiederum den sozialen Bindungen, während Ekel uns davon abhält, uns jeden Mist in den Mund zu stopfen. Na ja, und um uns bei Laune zu halten und als Motivationskick gibt es die Freude. Liebe lasse ich absichtlich außen vor. Sie ist schwer zu greifen und würde vermutlich den Rahmen dieses Buches ganz locker sprengen.

Zurück zur Angst. Angst ist nützlich, denn sie hat Fred und Wilma Feuerstein sehr effektiv davon abgehalten, Säbelzahntiger zu streicheln und mit Bären zu tanzen. Im Prinzip ist Angst nichts anderes als eine Form von Stress. Mal mehr und mal weniger stark, und entsprechend kommt unser Hormonhaushalt in Wallungen. Wir bekommen einen Hormoncocktail serviert, in dem Noradrenalin und Adrenalin die Hauptrollen spielen. Der Zauber dient dazu, uns für Kampf, Flucht oder Totstellen bereit zu machen. Das Blöde an der Sache ist, dass wir in Stress- beziehungsweise Angstsituationen überhaupt kein Mitspracherecht haben. Ob eine Stressreaktion durchläuft, das entscheidet unser Hirn nämlich komplett ohne unser bewusstes Zutun.

Wer Ratschläge gibt wie »Habe keine Angst« oder »Sei nur mutig«, übersieht, dass die Angst, wie die anderen Emotionen übrigens auch, sich nicht so einfach kontrollieren lässt. Sie ist Teil des Unbewussten und lässt sich bewusst nicht einfach ein- und ausschalten.

Angst entsteht in einem evolutionsbiologisch asbachuralten Teil des Gehirns, dem sogenannten limbischen System. Alle Informationen, die wir über unsere Sinne von außen erhalten, müssen erst mal durch diesen Teil des Gehirns durch, bevor sie in unser Bewusstsein gelangen. Man kann sich das Ganze vorstellen wie in einem Haus mit Flur. Wir selbst sitzen im Wohnzimmer und die Haustür geht automatisch auf. Was im Flur geschieht, können wir vom Wohnzimmer aus nicht sehen. Und der Flur ist eben das limbische System und das ist für unsere Gefühle verantwortlich. Klar können wir vom Wohnzimmer aus auch mitsprechen, aber erst, wenn die Gefühle zur Wohnzimmertür hereinkommen. Und je nachdem, wie stark sie sind, haben wir ganz schön mit ihnen zu kämpfen.

Okay, aber der Chef ist ja kein Säbelzahntiger. Das stimmt. Hoffe ich zumindest. Aber trotzdem ist er für einen Arbeitnehmer eine bedrohliche Instanz, wenn die Situation so ist wie zuvor beschrieben. Unser limbisches System macht keinen Unterschied zwischen dem Verlust der sicheren Steinzeithöhle und dem Verlust des Jobs, der ein sicheres Einkommen für die Familie gewährleistet. Ziemlich unlogisch, aber wir erinnern uns: Im limbischen System ist die Ratio *nicht* zu Hause! Nur die Gefühle, und die kommen immer zuerst und dann geht's erst ins rationale Wohnzimmer ...

Wenn diese Angst aber nun so fundamental ist, dass wir gar nicht an sie herankommen können, dann kann man ja auch gar nichts dagegen tun, oder? Doch. Denn so lange die Angst nicht in eine Richtung abdriftet, die wir nicht mehr kontrollieren können, so lange darf das Wohnzimmer mitreden. Allerdings muss man sich vorher erst einmal darüber klar werden, was da überhaupt vor sich geht, und sich ein paar Fragen zum Thema stellen. Die Frage, wovor ich überhaupt Angst habe, ist vermutlich am schwierigsten zu beantworten, denn sie beinhaltet, dass wir erst einmal die Angst zulassen und sie nicht verdrängen oder ignorieren. Was macht uns unsicher im Hinblick auf unseren Job? Welche Gedanken finden wir in diesem Zusammenhang unangenehm? Sich über die eigenen Gefühle Klarheit zu verschaffen, ist immer der erste Schritt. Vorher geht gar nichts. Auch wenn wir es gerne hätten, dass alles rational vonstatten geht. Die Emotionen kommen immer zuerst. Der Weg ins Wohnzimmer führt leider immer zuerst durch den Flur.

Also: Selbstverständlich gibt es die Angst vor dem Chef. Bei dem einen ist es tatsächlich Angst und bei dem anderen ist es einfach nur Respekt. Das ist von Person zu Person verschieden. Und natürlich gibt es auch diejenigen, die weder das eine noch das andere für ihren Chef empfinden, weil er ein absoluter Depp ist. Auch das gibt es. Allerdings sitzt leider auch der Depp in der Regel am längeren Hebel. Selbst die Mutigsten unter uns mit den dämlichsten Chefs halten meistens die Klappe, weil sie ihren Job dann doch erst einmal noch brauchen.

Angst ist normal und okay. Ob existenzielle Ängste von außen nachvollziehbar sind oder nicht, steht nicht zur Debatte. Ängste können nur von demjenigen bewertet werden, der sie hat. Und so ist es auch nachvollziehbar, dass wir unter bestimmten Umständen zu richtigen Montagshassern werden.

In diesem Fall ist Meckern über den Chef übrigens ein gutes Ventil und hilft gegen den Montagsbrechreiz, denn den Ärger zu verdrängen, macht es für einen selbst ja eher noch schlimmer. Die Frage ist nur: Wie lange und wie oft wollen wir quengelig sein und ab wann wollen wir unsere Geschicke selbst in die Hand nehmen? Es spricht nichts dagegen, hin und wieder mal motzig zu sein, aber wenn das zur Gewohnheit wird und die Montagsübelkeit chronisch wird, dann ist Veränderung angesagt. Im Innen oder im Außen. Das hängt von der individuellen Diagnose ab.

Hilflosigkeit – Das bringt doch alles nichts ... [25]

When I was younger, so much younger than today
I never needed anybody's help in any way
But now these days are gone, I'm not so self assured
Now I find I've changed my mind and opened up the doors

The Beatles, britische Rockband, aus Help!

Ich bin immer wieder erstaunt, wie viele Menschen sich in ihr Schicksal ergeben. Eine ehemalige Kollegin von mir war immer ganz angetan von allen Dingen, die ich so unternahm, um mein berufliches Dasein zu verbessern. Immer wenn das Thema auf diesen Umstand kam, fragte ich sie dann, warum sie nichts unternehmen würde. Sie müsste ja einfach nur mal aktiv werden. Für sie war es aber eben nicht einfach. Ihrer Meinung nach war es bei mir etwas völlig anderes und sie hätte weder das Können noch die Möglichkeiten. Tatsächlich sind wir aus der gleichen Situation heraus an den Start gegangen und sie sogar noch mit einer besseren akademischen Ausbildung als ich. Sie macht heute nach über zehn Jahren immer noch den gleichen Job, während ich die Branche gewechselt habe und auf der Karriereleiter nach oben geklettert bin. Sicherlich sind für diese zwei unterschiedlichen Karrieren verschiedene Faktoren verantwortlich. Ein Faktor kann die erlernte Hilflosigkeit sein, welche bei meiner ehemaligen Kollegin eine zentrale Rolle spielte, wenn sie meinte, dass dieses oder jenes für sie ja nicht so einfach wäre und dass sie die Sachen, die ich mache, gar nicht könnte. Bei ihrer Hilflosigkeit spielte vor allem das Gefühl des Nichtkönnens eine erhebliche Rolle.

Der Begriff der erlernten Hilflosigkeit (Learned Helplessness) wurde geprägt durch die Psychologen Martin E. P. Seligman und Steven F. Maier. In den Sechzigerjahren beschrieben die Wissenschaftler damit das Verhalten in Tierversuchen bei Hunden. Den Hunden wurden zur Vorbereitung zunächst grundlos und in zufälliger Abfolge Stromschläge mittleren Schmerzgrades zugefügt. Danach folgte das eigentliche Experiment. Einer der Hunde wurde in eine zweigeteilte Box gesetzt, deren Boden unter Strom gesetzt werden konnte. Das Ziel war, zu sehen, ob der Hund auf einen vorgeschalteten Reiz reagiert und dann über die Trennwand in die Box nebenan springt. Sprang der Hund über die Trennwand, wurde der Versuch sofort abgebrochen. Die erstaunliche Beobachtung war, dass rund zwei Drittel der Hunde, die vorher Stromstöße bekommen hatten, gar keine Anstalten machten, über die Wand zu springen. Sie hielten den Schmerz einfach aus. Nur ein Drittel sprang über die Wand. Ein Verhalten dazwischen gab es nicht. Seligman schloss daraus, dass ein Lebewesen, welches unangenehmen Bedingungen ausgesetzt ist, die es nicht kontrollieren kann, später in ähnlichen Situationen keine Handlungsmotivation mehr hat. Im Fall der

Hunde waren es die zuvor willkürlich verabreichten Stromschläge. Seligman ging im Weiteren sogar so weit, dass, übertragen auf den Menschen, manche Personen, denen es zwar gelingt, mit einer Stresssituation umzugehen, Schwierigkeiten haben, das erfolgreiche Durchstehen auf das eigene Verhalten zu beziehen.

In den Siebzigerjahren wiederholte der Psychologe Donald Hiroto die Versuche mit Studenten als Versuchskaninchen. Allerdings erhielten die Studenten keine Stromstöße, sondern sie wurden einem lauten, unangenehmen Geräusch ausgesetzt. Der Versuchsaufbau variierte zwar im Vergleich zu den Versuchen von Seligman, war aber durchaus vergleichbar. Hirotos Versuche bestätigten Seligmans These, dass Hilflosigkeit erlernt werden kann und, einmal verinnerlicht, Eingang in das normale Verhaltensrepertoire findet (Hiroto 1974).

Gemeinsam haben beide Versuchsanordnungen, dass sowohl Hunde als auch Studenten anfangs einem unangenehmen Reiz ausgesetzt waren, welchen sie nicht beeinflussen konnten. Machen wir uns nichts vor, solche Konstellationen kommen in unserem Leben und besonders bei der Arbeit fast täglich vor. Das meinen wir zumindest. Wir haben nicht das Gefühl, Einfluss darauf nehmen zu können, also ertragen wir das Ganze. Wenn wir von den Versuchen der Wissenschaftler ausgehen, dann müssen unserem Verhalten Vorerfahrungen vorangegangen sein, in denen wir bestimmte Ereignisse nicht kontrollieren konnten. Die wir aushalten mussten. Ich muss zugeben, ich bin sehr versucht, die Erklärung für eine erlernte Hilflosigkeit in der Schulzeit zu suchen. Aber so einfach kann es nicht sein, denn bei ähnlichen schulischen Erfahrungen verhalten Menschen sich nicht gleich. Es ist, wie mit allem, immer eine Mischung aus vielen unterschiedlichen und vor allem individuellen Komponenten. Erlernte Hilflosigkeit ist, wenn wir selbst drinstecken, schwer in Eigendiagnose zu erkennen. Schließlich ist die Hilflosigkeit ein Teil unseres normalen Verhaltensrepertoires. Wer dazu neigt, bei Problemen mit den Achseln zu zucken und eine eher melancholische bis verzweifelte »Ist-halt-so«- oder »Was-soll-ich-denn-machen«-Haltung an den Tag zu legen, für den könnte die Beschäftigung mit dem Phänomen der erlernten Hilflosigkeit neue Wege eröffnen. Wenn wir also an der Arbeit verzweifeln und alles egal ist, da es sich ja sowieso nicht ändern lässt, dann könnten wir auch mal darüber nachdenken, ob es uns vielleicht ein wenig so geht wie dem Hund, der nicht springt, weil er gelernt hat, die Schmerzen auszuhalten.

[26] Veränderung – Wer will, der kann. Oder nicht?

Hüte dich vor dem Entschluss
Zu dem du dich zwingen musst
Sonst spürst du den kalten Kuss
Denn ohne Liebe kommt der Frust
Und dir vergeht die Lust
Und eigentlich liegt dir die ganze Welt zu Füßen.

Gregor Meyle, deutsche Singer/Songwriter, aus *Hier spricht dein Herz*

Es ist noch gar nicht so lange her, da dachte man, dass die Gefühle im Herzen sitzen und die Ratio im Kopf. Heute wissen wir: Das Herz ist ein Muskel mit der klaren Zuständigkeit, das Blut durch den Körper zu pumpen. Da unsere Rationalität ja ganz offensichtlich im Kopf, also im Hirn sitzt, ist es gerade chic, die Gefühle im Bauch zu verorten. Wir haben dann so ein Bauchgefühl. Oder unser Bauch spricht dann zu uns. Tatsächlich zeigt die neuere Forschung, dass Gehirn und Bauch viel enger verdrahtet sind als angenommen. Trotzdem sitzen die Gefühle nicht im Bauch. Sie arbeiten nur eng mit ihm zusammen. Gefühle sitzen im limbischen System und das hat über den Vagusnerv einen direkten Draht zum Bauch.

Auch wenn wir heute wissen, dass wir für lebenslanges Lernen gemacht sind und unser Hirn das auch einfordert, so sind wir doch mit etwa dreiundzwanzig Jahren eine fertige, in sich gefestigte Persönlichkeit. Die tollsten Persönlichkeitsentwicklungsprogramme können daran nichts ändern.

Was aber nicht bedeutet, dass wir unser Verhalten nicht ändern können, oder unsere Einstellung zu den Dingen. Das geht sehr wohl und dort setzt gute Persönlichkeitsentwicklung an. Wenn du jemandem begegnest, der aktuell etwas anderes behauptet, nimm deine Beine in die Hand und gib Hackengas. Ich schreibe übrigens ausdrücklich »aktuell«, denn Wissenschaft ist immer der letzte Stand des Irrtums. Und auch dieses Buch ist einfach nur ein letzter Wissensstand.

Aber zurück zu unserem Gehirn. Das Zentrum der Macht, also unser Gefühlszentrum, sitzt im limbischen System und besteht im Wesentlichen aus vier Ebenen.

Die erste Stufe findet schon im Mutterleib statt. Sie formt sich aus genetischen Anlagen und basierend auf dem Gefühlshormoncocktail, den die Mutter während der Schwangerschaft ausgeschüttet hat. Entsprechend bilden sich die Rezeptoren im Gehirn des Kindes. Hat Mama eine glückliche Schwangerschaft und viel Oxytocin und Serotonin im Blut gehabt, dann hat das Kind jede Menge Antennen für Glückshormone ausgebildet. War Mutti eher im Stress während der Schwangerschaft, dann bekommt das Kind viele Andockstellen für Stresshormone ins Köpfchen gepflanzt. Blöd, denn wer viele Stresslandeplätze hat, der ist später natürlich für Stress wesentlich empfänglicher als diejenigen, die ihre Landeplätze für Glückshormone reserviert haben. So wird schon in der Schwangerschaft unsere grundsätzliche Gefühlsdisposition angelegt. Und die bleibt ein Leben lang gleich. Als Erkenntnis können wir mitnehmen, dass nicht alle Menschen gleich gut drauf sein können. Es ist wirklich so, dass es von Natur oder Geburt her fröhlichere und weniger fröhlichere oder zu Stress neigende Menschen gibt. Allerdings kann natürlich jeder selbst beeinflussen, ob er alle angelegten Landeplätze auch nutzt.

Die zweite und dritte Ebene unserer Gefühlskommandozentrale bilden sich in den ersten Jahren unserer Kindheit. Wer den Film *Alles steht Kopf* gesehen hat, der kennt das schöne Bild von den Welten, die im Kopf der

Protagonistin so wichtig für ihre Persönlichkeit sind. Verschiedene emotionale Erfahrungen bilden eine Welt. Zum Beispiel gibt es die Familienwelt, die aus schönen Familienerinnerungen entstanden ist. Und so gibt es verschiedene Welten, die als Kernerinnerungen die Persönlichkeit der Hauptfigur ausmachen. Ein tolles Bild. Denn so ist es. In unseren ersten Kindheitsjahren machen wir prägende emotionale Erfahrungen, aus denen sich unser Wesenskern formt. Eben die Kernerinnerungen. Diese bilden die zweite Ebene.

Die dritte Ebene des Gefühlszentrums entwickelt sich später zum Zeitpunkt der Pubertät. Genau dann, wenn wir für unsere Familie und unser weiteres Umfeld am anstrengendsten sind. Zumindest für unsere Eltern. In dieser Zeit entwickeln sich unsere Moral, unsere sozialen Leitplanken und unsere Werte. Da kann man schon mal komisch werden. Im Prinzip ist unsere Persönlichkeit, soweit es das Gefühlszentrum betrifft, damit fertig.

Die vierte Ebene des limbischen Systems ist die Kommunikationszentrale, die gemeinsam mit dem präfrontalen Kortex das Denken an sich steuert. Dort sitzen der Verstand und die Intelligenz. Hier tobt das Leben. Von meinem Mann habe ich mir sagen lassen, dass bei Männern auch mal Pause ist und nichts passiert. Bei Frauen ist das anders. Da ist immer was los. Die vierte Ebene ist auch das, was wir bewusst am Start haben. Hier durchdenken wir die Dinge logisch. Und hier nehmen wir uns auch so tolle Sachen vor wie zum Beispiel mehr Sport zu machen, mit dem Rauchen aufzuhören oder endlich in unserem Arbeitsumfeld etwas zu ändern.

Aber ... und jetzt kommt es: So funktioniert das nicht.

Und das weiß auch jeder aus leidvoller Erfahrung. Trotzdem haben die Fitnessstudios der Nation den größten Zulauf in den ersten Wochen des neuen Jahres. Wir entscheiden Dinge aus der vierten Ebene heraus und versagen, weil die drei unteren Ebenen nicht mitspielen. Wer aus der vierten Ebene heraus eine Veränderung hervorrufen will, der muss dafür sorgen, dass diese Idee als Gefühl auf die drei darunterliegenden Ebenen durchschlägt, und zwar gewaltig. Ohne eine durchschlagende Emotion geht es nicht (Dogs 2017). Mit anderen Worten: Wir wollen etwas ändern. Das sagt uns unsere Ratio, aber der Veränderungswille kommt auf den Gefühlsebenen nicht an. Und schon bleiben wir stumpf auf unserem gehassten Büroplatz sitzen und kotzen jeden Montag wie gehabt im ganz großen Strahl.

Umgekehrt wird übrigens auch ein Schuh draus: Die Gefühlsebene möchte etwas ändern und schickt uns Montagsübelkeit, aber die Ratio meint, dass es doch sehr vernünftig wäre, den Job zu behalten. Hängt ja auch eine Menge dran: das Haus, das Auto, der Urlaub, das Hobby ... Stimmt, aber wenn dieser gesellschaftliche Besitzkanon nicht zufrieden macht, dann ist das schon ziemlich doof. Schlimmer noch: Wenn die Gefühlsebene sich nicht durchsetzen kann, dann macht sie uns krank. Und damit meine ich nicht die gelegentlich normale Montagsübelkeit.

Aber was macht uns denn nun wirklich glücklich? Tut mir leid, aber das kann am Ende nur jeder für sich selbst beantworten. Vorher sollte man allerdings unbedingt herausfinden, wie man so tickt. Wir denken zwar immer, wir wüssten ganz genau, wer wir sind und wie wir so ticken. Doch das ist nicht der Fall. Die hohe Zahl an psychosomatischen Erkrankungen spricht eine deutliche Sprache. Denn eine psychosomatische Erkrankung ist immer das Ergebnis eines Konfliktes auf der Gefühlsebene, der nicht gelöst wurde und sich dann körperlich Gehör verschafft. In Deutschland sind wir dafür sogar prädestiniert. Denn wir Deutschen sind »von Natur aus« sehr vernünftig und diszipliniert. Wir treffen Vernunftsentscheidungen und sind in der Regel sogar stolz darauf. Was wir dabei aber leider häufig außer Acht lassen, ist, dass wir auf der Gefühlsebene überhaupt nicht vernünftig sind. Wir wollen immer unglaublich gerne alles auf der Sachebene besprechen und klären. Nur leider gibt es eine Sachebene ohne Gefühlsebene nun einmal nicht. Viel würde uns helfen, wenn wir besser verstehen würden, wie unsere Vernunfts- und Gefühlswelt miteinander interagieren.

Sachinformationen ohne Emotionen sind für unser Gehirn so interessant wie ein Fahrrad für einen Fisch.

In meiner Coachingpraxis habe ich es fast täglich mit Klienten zu tun, die sehr vernünftige Entscheidungen treffen. Sie haben alles genau durchdacht und logisch betrachtet geht es ihnen auch gut. Und doch stehen sie kurz vor dem Burn-out oder sind gerade mittendrin. Oft haben sie zusätzlich wahnwitzige körperliche Beschwerden und werfen täglich einen Medikamentenmix ein, der den stärksten Elefanten aus den Latschen hauen würde. Dazu passt die Tatsache, dass Deutschland mehr Betten für psychosomatische Erkrankungen zur Verfügung hat als der Rest der Welt zusammen! (Dogs 2017)

Der deutsche Hang zum Perfektionismus kommt erschwerend hinzu. »Made in Germany« ist halt ein Qualitätsmerkmal, das nicht von ungefähr kommt. Dafür bezahlen wir aber einen enorm hohen Preis, Verspannungen, Rückenschmerzen bis hin zu Bandscheibenvorfällen, Migräne, Drehschwindel, Reizdarm, Herzrhythmusbeschwerden, Tinnitus und Essstörungen führen die Hitparade der psychosomatischen Erkrankungen an.

Gut funktionieren zu wollen und einem Bild zu entsprechen, welches von außen diktiert wird, gehört dabei sicherlich in den Ursachenkanon hinein. Sich keine Blöße geben und nicht zu sehr auffallen, gehören in deutschen Vorstadtsiedlungen genauso zum guten Ton, wie sich keine gefühlsmäßigen Schwachheiten zu erlauben ...

In diesem Zusammenhang bin ich sehr dankbar, dass Burn-out endlich gesellschaftlich anerkannt ist. Meiner Ansicht nach öffnet sich so ein Weg, unseren Bedürfnissen und Gefühlen mehr Raum zu verschaffen.

Für alle, die schon auf der Autobahn Richtung Burn-out unterwegs sind, ein wichtiger Hinweis: Fast immer hilft nur professionelle Hilfe. Je nach Schwere und Ausprägung kann ein guter Psychotherapeut oder ein gut ausgebildeter Coach eine gute Anlaufadresse sein. Denn es geht dann um mehr als um eine einfache Montagsübelkeit.

[27] Chronotypen – Von früh bis spät

Wenn der Wecker morgens rasselt
Und der Tag nimmt seinen Lauf
Ist die Stimmung mir vermasselt
Denn ich steh' so ungern auf
Doch wenn tausend Lichter glühen
Bin ich jede Nacht ganz groß
Und wenn dann noch Musik erklingt
Dann geht es los
Morgens bin ich immer müde
Aber abends bin ich wach

Trude Herr, deutsche Schauspielerin, Schlagersängerin
und Theaterdirektorin, aus *Morgens bin ich immer müde!*

Wir sind im Stress! Wer nicht gestresst ist, ist schon verdächtig. Wie kann es sein, dass jemand nicht gehetzt von A nach B rennt und keinen vollen Terminkalender hat? Wer Stress hat und busy ist, der ist wichtig! Wer keinen Stress hat, ist raus! So einfach ist das. Glaubst du nicht? Dann schau dich mal um an deinem Arbeitsplatz. Natürlich gibt es Zeiten, in denen ist zu viel zu tun. Und es gibt auch die Jobs, die einfach unterbesetzt sind. Aber es gibt eben auch die, die eigentlich recht bequem und ganz locker in drei bis vier Stunden am Tag erledigt sind. Und davon gibt es wesentlich mehr, als wir gemeinhin annehmen. Trotzdem hocken die Leute mindestens eine Stunde länger abends im Büro. Denn wir bemessen den Wert und den Status einer Arbeitskraft tatsächlich nicht an dem, was sie schafft und/oder was sie im Ergebnis bewirkt, sondern daran, wie viel Zeit der Arbeitswillige bei der Arbeit verbringt. Viel in kurzer Zeit zu schaffen, ist überhaupt nicht angesagt. Es gilt nicht »Wer bremst, verliert«, sondern »Wer zu viel Gas gibt, macht sich verdächtig«.

Es ist schizophren, aber Wettsitzen ist in deutschen Büros ein unglaublich beliebter Sport. Wer zuerst nach Hause geht, verliert und bekommt den Spruch:»Na, hast du dir einen halben Tag freigenommen?« zu hören. Selbst der Vernünftigste beugt sich irgendwann dem Gruppenzwang und bleibt hocken.

In einem meiner früheren Jobs ging das Ganze so weit, dass die Leute erst gegen 10:00 Uhr im Büro erschienen. Mindestens einmal die Woche sogar noch später, um dann ab 19:00 Uhr wieder zu gehen. Für mich war das eine totale Qual, denn ich bin ein Morgenmensch und hake mein Tagwerk in der Regel innerhalb von vier Stunden ab. Danach bin ich aber auch zu nichts mehr zu gebrauchen. Ich springe spätestens um 5:30 Uhr aus dem Bett und bin sofort leistungsfähig. Bei mir stimmt der Spruch:»Alles, was du bis 12:00 Uhr nicht schaffst, schaffst du den ganzen Tag nicht.« Also war ich natürlich immer sehr früh im Büro, damit ich meinen Kram effizient wegarbeiten konnte. Ich fand das sehr angenehm, weil ich natürlich auch von 7:00 bis circa 9:30 Uhr noch Ruhe im Büro hatte. Außerdem fand ich einen frühen Feierabend toll. Denn dann hatte ich noch genug Zeit, um mit meiner Familie etwas zu machen oder meinem Hobby nachzugehen. Da mein Chef aber zu der Kategorie »Mach dich wichtig« gehörte, waren meine Arbeitszeiten zwar grundsätzlich möglich, aber überhaupt nicht gern gesehen. Es wurde mehr oder weniger offen gemutmaßt, dass ich zu wenig arbeiten würde. Dieser Chef war übrigens einer der schlechtesten in meiner Angestelltenkarriere. Aber er war eine wahnsinnig gute Fachkraft, hatte brillante Ideen und war auf seinem Gebiet echt gut. Leider wollte er Karriere machen und in der Finanzdienstleistung musst du, wie in vielen anderen Bereichen auch, Führungskraft werden, wenn es auf der Karriereleiter nach oben gehen soll.

Die umgekehrte Konstellation gibt es übrigens auch, in der in einem Unternehmen hauptsächlich Frühaufsteher arbeiten und die Morgenmuffel einen schlechten Stand haben. Ein Coachingklient befand sich in einer solchen Lage. Die meisten seiner Kollegen fingen bei ihm um 7:00 Uhr an zu arbeiten. Er kam allerdings immer erst zwischen 9:30 und 10:00 Uhr. Gleitzeit macht's möglich. Auch er machte sich der Faulheit verdächtig, denn wenn die anderen längst im Feierabend waren, fing seine produktive Zeit erst richtig an. Er hatte allerdings mehr Glück als ich: Sein Chef war etwas weiser und durchblickte die Zusammenhänge. Stets machte er seinen Mitarbeitern klar, dass es für alle darum geht, die Arbeit zu schaffen. Und nicht um die Uhrzeit. Ob am Morgen oder am Abend, ob durch mehrere Stunden konzentriertes Arbeiten oder durch einen Arbeitsrhythmus mit vielen Pausen, das war ihm egal.

Kleiner Tipp für Führungskräfte: Vermeide, vom eigenen Verhalten auf das von anderen zu schließen. Wenn du selbst nicht in der Lage bist, innerhalb von vier Stunden deine täglichen Arbeiten zu erledigen, heißt das nicht, dass andere es nicht könnten. Umgekehrt wird genauso ein Schuh draus. Nur weil du in vier Stunden mit deinem Tagwerk durch bist, heißt das nicht, dass andere, die drei bis vier Stunden länger brauchen, schlechtere Arbeit leisten! Eine Falle, in die nicht nur Führungskräfte immer wieder tappen.

Zurück zum eigentlichen Thema: Frühaufsteher- oder Langschläfertum sagt nichts, aber auch gar nichts über die Leistungsfähigkeit eines Menschen aus. Traditionell sind wir ja unglaublich blöd und der Meinung, dass der frühe Vogel den Wurm fängt. Um es mit dem deutschen Kabarettisten Hagen Rether zu sagen: »Der frühe Vogel fängt auch nur den frühen Wurm.« Recht hat er, denn die Leistungsfähigkeit eines Menschen hat zunächst einmal nichts mit dem bevorzugten Zeitrhythmus oder Chronotypen zu tun. Sondern nur mit dem Zeitpunkt, wann er leistungsfähig ist.

Manche Menschen haben einen frühen Biorhythmus, andere einen späten. Entsprechend verlaufen ihr Hormonspiegel, ihre Körpertemperatur und ihre Schlaf- und Wachphasen. Hiervon und noch von ein paar anderen Parametern hängt natürlich auch maßgeblich unser Leistungsvermögen und damit auch unser Wohlbefinden ab.

Frühaufsteher- oder Langschläfertum sagt nichts, aber auch gar nichts über die Leistungsfähigkeit eines Menschen aus.

Grob unterscheidet man Lerchen und Eulen. Also Frühaufsteher und Langschläfer. Während die Lerchen – so wie ich – morgens um 5:30 Uhr aus dem Bett hüpfen und sofort geistig voll auf der Höhe sind, kriegen die Eulen in der Regel nicht vor 9:00 beziehungsweise 10:00 Uhr die Augen auf, geschweige denn die Zähne auseinander. Dafür können Lerchen spätestens ab 20:00 Uhr keinen klaren Gedanken mehr fassen und liegen in der Regel schon ab 21:00 Uhr im Bett. Ich muss den sonntäglichen Tatort meistens in zwei Etappen über die Internetmediathek gucken, da ich spätestens um 21:30 Uhr keinen Schimmer mehr habe, worum es eigentlich geht und wer noch gleich umgebracht wurde. Eulen sind dann noch voll auf der Höhe. Mein Mann ist so eine Nachteule und schraubt in der Regel noch bis 0:00 Uhr an seinem Auto. Er weigert sich inzwischen regelmäßig, mit mir Tatort zu schauen, da ich schon um 20:30 Uhr in den Seilen hänge und nichts mehr mitkriege.

Obwohl wir wissen, wie wichtig unser individueller Biorhythmus für unser Wohlbefinden und damit auch für unsere Lebensqualität ist, spielt er bei der Arbeit eine untergeordnete bis gar keine Rolle. Eltern regen sich noch darüber auf, dass die ersten zwei Schulstunden verschenkt sind, weil in dieser Zeit die Schulen mit Schülerzombies und auch einer Menge Lehrereulenzombies bevölkert sind. Doch wenn erst einmal der Eintritt in die Arbeitswelt erfolgt, dann spricht niemand mehr über den Biorhythmus.

Schlimmer noch: schon bei der Berufswahl legen wir nicht den geringsten Wert auf die Bedürfnisse unseres Körpers. Wir verschwenden nicht einen Gedanken daran, ob die Arbeitszeiten beispielsweise des Zimmermannshandwerks zum eigenen Biorhythmus passen. Klar, wer handwerklich begabt ist, der sollte Handwerker werden. Allerdings muss er sich auch darüber klar sein, dass um 7:00 Uhr morgens auf der Baustelle Antritt ist. Nicht besonders rosige Aussichten, wenn man eine Nachteule ist.

Eulen sind in der Gastronomie besser aufgehoben. Oder in allen Berufen, in denen sie die Spätschicht übernehmen können. Nachtschicht ist in der Regel für alle doof, da sie keinem Biorhythmus wirklich entspricht.

Der Chronotyp eines Menschen ist übrigens nicht änderbar. Er wird vererbt. Wer also montags schlecht Laune hat, weil der eigene Beruf nicht zum Chronotyp passt, der hat wirklich schlechte Karten. Allerdings hängt der Biorhythmus auch mit dem Alter zusammen und verändert sich, da das Schlafbedürfnis im Alter abnimmt. Nichtsdestotrotz sind die aktuell so angesagten 5 a.m.-Clubs mit Vorsicht zu genießen, denn sie sind für alle Menschen betrachtet ausgesprochen schwachsinnig. Die Idee hinter einem 5 a.m.-Club ist, dass Menschen, die möglichst früh aufstehen und sich noch ein paar hippe Morgenrituale zulegen, wesentlich erfolgreicher und glücklicher seien als solche, die morgens länger schlafen und keinem Hipsterplan folgen. Das ist so ein unglaublich grober Unfug.

Frühes Aufstehen, früher Sport, frühes Meditieren und noch ein Glücksjournal schreiben machen aus einem Eulentyp nie einen erfolgreichen Menschen! Das Ergebnis ist ein müder Mensch! Und wer müde ist, ist weniger leistungsfähig. Da ändern auch die Beispiele schillernder Lerchenpromis nichts dran. Wer wirklich glaubt, dass Erfolg etwas mit frühem Aufstehen zu tun hat, der glaubt auch, dass er erfolgreicher ist, wenn er den rechten Schuh vor dem linken anzieht, mit der Begründung, dass ein paar erfolgreiche Promis es genauso machen …

Wer seinen Chronotyp nicht kennt, der findet ihn am besten im Urlaub heraus. Im Urlaub stellt sich irgendwann ein natürlicher Schlafrhythmus ein. Auch ich schlafe als ausgesprochene Lerche länger, allerdings gehe ich immer noch als Erste ins Bett und wenn die ersten längeren Abende durch sind, stellt sich bei mir ganz schnell eine Aufwachzeit so um 7:00 Uhr und früher ein. Ich kann dann zwar noch mal einschlafen, Aufstehen ist dann aber auch kein Problem und durchaus angenehm.

Was folgt als Fazit für bessere Montagslaune: Wer sich gut fühlen möchte, der sollte seinen Job oder seine Arbeitszeiten soweit wie möglich an den eigenen Biorhythmus anzupassen. Es lohnt ungemein, zu ermitteln, wo über den Tag verteilt die eigenen Leistungsspitzen liegen. Wann komme ich in einen Arbeitsflow? Wann macht die Arbeit Spaß? Wenn die eigene Arbeitszeit nicht zum Chronotypen passt, dann ist das nicht nur für einen selbst, sondern auch für die Firma wenig vorteilhaft. Hier macht dann ein Gespräch mit dem Chef Sinn, denn wenn dieser nicht der totale Vollpfosten ist, dann sollte er für das Argument maximaler Leistungsfähigkeit zugänglich sein.

[28] Stress – Die Dosis macht das Gift

Bang bang, I shot you down
Bang bang, you hit the ground
Bang bang, that awful sound
Bang bang, I used to shoot you down

Nancy Sinatra, US-amerikanische Sängerin,
aus *Bang Bang (My Baby shot me down)*

Aber wer ist schon einfach nur zufrieden? In der Regel sind wir im Stress. Egal, ob auf der Arbeit oder zu Hause. Wir haben Druck. Ob selbst verursacht oder fremdgesteuert ist dabei fast schon egal, denn manchmal haben wir so viel Druck, dass wir einfach umfallen wie die sprichwörtlichen Fliegen von der Wand. Warum eigentlich? Denn im Grunde ist Stress zunächst einmal eine ganz normale Körperreaktion, die dazu beitragen soll, uns in irgendeine Richtung in einem bestimmten Tempo zu bewegen, beziehungsweise uns veranlassen soll, zu reagieren. Das ist ja gar nicht so verkehrt.

Für unsere Familie Feuerstein war Stress überlebenswichtig, denn in ihrer Zeit waren die Bedrohungen anderer Art, als wir sie in den Industrienationen heute erleben. Um nicht wieder plakativ den Säbelzahntiger zu bemühen: Es reicht völlig aus, im Wald auf eine Bache mit Frischlingen zu treffen, um in eine lebensbedrohliche Situation zu geraten. So ein Mamawildschwein wiegt locker hundert bis hundertfünfzig Kilo, und wenn die sauer werden, dann ist man besser ein verdammt schneller Läufer. Von Bären und Wölfen fang ich mal gar nicht erst an.

Stress ist genau dafür gedacht: schnell im Körper Energie bereitzustellen, wo sie gebraucht wird, und unwichtige Funktionen weitmöglich runterzuregeln. Eine Stressreaktion läuft immer gleich ab, variiert jedoch in ihrer Stärke, abhängig von der jeweiligen Bedrohungssituation. So ist es vermutlich ursprünglich jedenfalls einmal gedacht gewesen. Wir nehmen einen Reiz über unseren Wahrnehmungsapparat auf. Der Reiz trifft über die Nervenbahnen im Hirn als Erstes auf das limbische System. Dort, noch völlig unbewusst, wird entschieden, ob eine Stressreaktion eingeleitet wird. Das geschieht lange bevor die Reizauswertung im rationalen Verstand überhaupt beginnt. Jeder hat schon einmal erlebt, dass wir bei einer Stresssituation unseren Gefühlen ausgeliefert sind. Auch wenn wir krampfhaft versuchen, mit Logik gegen das Herzrasen anzurationalisieren, bringt es in der Regel nichts. Erst nach fünfzehn bis dreißig Minuten beruhigen wir uns. Wir meinen dann, mit unserer Rationalisierungsstrategie erfolgreich gewesen zu sein. Allerdings ist eine Stressreaktion, je nach Stärke, auch ohne Zutun nach fünfzehn bis dreißig Minuten vorbei, weil dann der Körper sein Hormonpulver verschossen hat und erst einmal für Nachschub sorgen muss.

Zurück zu unserem Treffen mit der wilden Sau. Über unsere Sinne gelangt also das Signal »Vorsicht! Wildschwein!« über die Nervenbahnen ins limbische System. Dort wird entschieden, dass Gefahr im Verzug ist. Logische Betrachtungen im bewussten Verstand wären unnötige Zeitverschwendung, denn die Biester sind verdammt schnell. Also sendet das limbische System alle notwendigen Signale und macht die Stressreaktion klar. Jetzt werden unter anderem die Nebennieren aktiv und produzieren einen Hormoncocktail aus Adrenalin, Noradrenalin und Cortisol. Und ab geht die wilde Fahrt.

Das Herz steigt ein und erhöht den Takt, damit mehr Blut in den Beinen ankommt. Dort und in den Armen sind die Gefäße bereits geweitet, während sich im Oberkörper die Gefäße zusammengezogen haben. Praktisch, denn so ist die Energie in Armen und Beinen maximal vorhanden und der Oberkörper mit den wichtigen Organen bei Verletzungen besser geschützt. Bei einer starken Reaktion glühen die Muskeln schon mal vor, indem sie anfangen zu zittern, um beim Start schon auf der idealen Arbeitstemperatur zu sein. Stillsitzen ist in dem Fall fast unmöglich.

Auch die Atmung wird auf die bevorstehenden Ereignisse eingestellt und beschleunigt. So sorgt der Körper dafür, dass das Lungenvolumen vergrößert wird und ein längerer Lauf oder ein Kampf nicht am Sauerstoffmangel scheitern. Wird die vermehrte Sauerstoffzufuhr nicht über erhöhte körperliche Aktivität abgebaut, entsteht schnell ein Schwindelgefühl. Sogar die Leber und die Bauchspeicheldrüse werden aktiv und stellen Energie in Form von Zucker bereit. Währenddessen wird unsere Ratio lahmgelegt. Wir schalten – leider ungewollt – von Intelligenzbestie auf Neandertaler. Das Sprachzentrum wird dafür nicht gebraucht und runtergeregelt oder ganz abgeschaltet.

Es ist tatsächlich so, dass unser Sprachzentrum bei Stressreaktionen lahmgelegt wird. Ganz einfach weil wir es zum Überlebenskampf, so wie unser limbisches System ihn vorsieht, nicht brauchen. Deshalb fehlen uns beim Streit mit dem Chef oder mit dem Herzblatt auch öfter mal die Worte. Jeder hat schon einmal eine super Antwort eine halbe Stunde nach dem eigentlichen Gespräch parat gehabt. Stress macht leider auch doof. Kurzfristig, Gott sei Dank, ein vorübergehendes Phänomen, langfristig schon schwierig.

Nun, wo wir uns damit beschäftigt haben, wie Stress entsteht und was genau in Kopf und Körper abläuft, könnte man meinen, dass Stress zumindest nicht schädlich ist. Das stimmt auch, denn kurzfristiger Stress regt das Synapsenwachstum im Gehirn an. Es gibt aber ein Problem mit Stress, genauer gesagt mit Dauerstress. Dauerstress ist schädlich und macht uns krank. Dauerstress kann uns zu Montagsmuffeln werden lassen. Denn ein permanenter Stress hemmt die Gehirnaktivität. Die synaptischen Verbindungen werden »aufgeweicht« und die Lernfähigkeit vermindert. (Hüther 2012)

Daher sollten Führungskräfte auf Dauerstress bei ihren Mitarbeitern achten. Ein gesundes Maß an Stress ist okay, aber eine Überdosis macht die Mitarbeiter kaputt. Schließlich sind die Kollegen tatsächlich bei der Arbeit und nicht auf der Flucht. Stresstechnisch gesehen ein riesiger Unterschied.

Vergleich – Wie es ist und wie wir es gern hätten   [29]

There's no stopping me
I'm burnin' through the sky two hundred degrees
That's why they call me Mister Fahrenheit
I'm traveling at the speed of light
I wanna make a supersonic man out of you

Queen, britische Rockband, aus Don't stop me now!

So weit, so klar. Aber wie viel Stress genau ist denn noch gut für mich? Auch darauf gibt es eine ganz klare Antwort: Das weiß ich nicht. Es tut mir leid, aber welches Stresslevel für einen selbst gesund ist und ab wann gesundheitsgefährdender Dauerstress einsetzt, das muss jeder für sich selbst herausfinden. Es gibt Menschen, die fallen bei der kleinsten Belastung um, und es gibt Menschen, die haut so schnell nichts um. Das hängt natürlich zum einen mit unserer genetischen Disposition zusammen und zum anderen mit den Bedingungen, unter denen wir aufgewachsen sind. Beides hat uns geformt. Ob wir nun viel oder wenig Stress vertragen können, ist somit weder gut noch schlecht. Es ist einfach eine Konstante, nach der wir unser Handeln ausrichten müssen.

Um aber nun herauszufinden, wie viel Stress für mich förderlich ist und ab wo es kritisch wird, ist es hilfreich, sich noch einmal klar zu machen, wie unser moderner Stress in der Regel entsteht. Begegnungen mit Wildschweinen in der City beim Shoppen sind doch eher selten. Befragt man allerdings Shoppingmuffel oder Geschenkvergesser am 24. Dezember um 12:00 Uhr, dann kann man durchaus den Eindruck haben, dass es in solchen Momenten doch um Leben und Tod geht ...

So lustig, wie das Beispiel klingt, ist es aber für die Betroffenen in der Regel nicht. Eine Stressreaktion, wie wir sie auch im Arbeitsalltag oder häufig auch in einem vollgepackten Freizeitterminkalender erleben, ist – wie auch im Abschnitt über das Glück schon angesprochen – meist die Folge eines inneren Vergleichs. Erst stirbt beim Vergleichen das Glück und dann stellt sich auch sehr schnell Stress ein.

Es geht im Prinzip um die Erkenntnis, dass eine Situation anders ist, als man sie eigentlich gern hätte. Was zunächst sehr banal und vielleicht auch zu einfach klingt, macht bei näherer Betrachtung durchaus Sinn. Ersetzen wir die Formulierung »sie eigentlich gern hätte« durch die Worte »sie eigentlich sein soll«, dann kommen wir der Sache auch gefühlsmäßig näher. Denn so bauen wir schon mit unseren eigenen Worten mehr Druck auf. Schließlich haben wir nicht immer Einfluss auf unsere Stressoren. Dabei vergessen wir eine Sache regelmäßig: Wir können uns immer frei entscheiden! Niemand muss in diesem Lande arbeiten, der Sozialstaat kümmert sich zumindest um die Grundversorgung. Das ist nicht viel, aber immerhin. Es ist also letztlich unsere Entscheidung, wie und vor allem wie viel wir arbeiten, und damit auch, wie viel Stress wir haben. Allerdings müssen wir bereit sein, den Preis für unsere Entscheidungen zu zahlen. Das sind wir aber in der Regel nicht und deshalb tun wir so, als wären wir gezwungen, bestimmte Entscheidungen zu treffen. Wir saufen uns gedanklich unsere Entscheidungen schön, um vor uns selbst besser dazustehen. Mit anderen Worten: Wir wollen zwar die ganze Torte essen, wollen aber nicht dick werden.

Wir können uns immer frei entscheiden! Wir müssen nur endlich bereit sein, den Preis für unsere Entscheidungen zu zahlen.

Die Schuld schieben wir dann auf unsere aktuelle emotionale Verfassung. Wir konnten halt nicht widerstehen. Und die Schuld an unserer emotionalen Verfassung hatte unser Chef, weil der gerade wieder doof zu uns war. Ergo ist unser Chef schuld, dass wir zu fett sind. Wir können da gar nichts für. Blöd nur, dass wir es selbst waren, dass wir uns selbst die Torte mit einem Gefühl von kurzer Glückseligkeit in den Mund geschoben haben.

Anderes Beispiel: Wir würden ja auch so gern einen neuen Job annehmen. Dann verdienen wir aber viel weniger und dann können wir unsere Dreizimmerwohnung und zwei Urlaube im Jahr nicht mehr finanzieren. Wir können also gar nichts dafür, dass wir einen Scheißjob haben. Wenn der andere Job nur besser bezahlt würde, ja dann würden wir ...

Alles hat seinen Preis. Die Frage ist nur: Welchen Preis bist du bereit zu zahlen? Und wenn du dich entschieden hast, dann tu nicht so, als wärst du das Opfer, weil es kein günstigeres Angebot gab.

Nehmen wir als Beispiel mal ein einfaches Stressszenario aus der Freizeit: Wir wollen am Samstag einkaufen, die Wäsche waschen, die Wohnung aufräumen und zum Sport gehen. Kochen wollen wir auch noch. Dann ist noch etwas zu reparieren und das interessante Buch zum Thema Montagsübelkeit will auch gelesen werden.

Was passiert? Das Einkaufen dauert eine Stunde länger als geplant und beim Aufräumen fällt auf, dass der Kühlschrank dringend mal wieder komplett sauber gemacht werden muss. Dass der Rasen gemäht werden muss, hatten wir ja auch total vergessen. Kurzum, es ist zu viel zu tun in zu wenig Zeit. Wer jetzt eher von der entspannteren Sorte ist, den nervt es vielleicht kurz und er denkt sich dann: »Scheiß drauf. Ist ja nicht so dramatisch.« Zum Perfektionismus neigende Charaktere haben es da schon wesentlich schwerer.

Die Lücke zwischen »So ist es« und »So soll es sein« erzeugt Stress. Auch in der Freizeit. Hier haben wir aber noch am ehesten das Gefühl, mehr oder weniger frei entscheiden zu können. Je nachdem, wie spießig unsere Nachbarn auf unseren ungepflegten Vorgarten schielen. Im Job ist das anders.

Im Job haben wir fast immer das Gefühl, fremdbestimmt zu sein. Stimmt ja auch. Wir entscheiden in der Regel nicht selbst, wann Abgabetermine sind. Die meisten Aufgaben bekommen wir zugeteilt. Selbstständigen geht es meist nicht besser. Hier sitzt aber nicht der Chef, sondern der Auftraggeber im Nacken. Manchmal ist es auch das Finanzamt, das endlich die Steuererklärung haben will.

Auch wenn wir uns zehnmal freiwillig dafür entschieden haben: Wenn die Diskrepanz zwischen dem, was ich leisten soll in einer bestimmten Zeit, und dem, was ich in dieser Zeit leisten kann, zu groß ist, dann habe ich Stress. Auch wenn ich es am Ende doch schaffe – der Stress, den ich hatte, wird dadurch nicht besser. Schließlich ist er einmal durch meinen Körper gelaufen. Mit allen Folgen.

Halten wir also fest: Stress entsteht, wenn wir ein Ziel haben – ob selbst- oder fremdbestimmt, ist dabei fast egal – und die Ressourcen, um dieses Ziel zu erreichen, augenscheinlich nicht ausreichen. Ressourcen sind in der Regel Fähigkeiten, Zeit und Arbeitskraft (neudeutsch Manpower). Dabei reagiert jeder auf solche Situationen anders. Es gibt Menschen, die drehen durch, und es gibt Menschen, die werden ruhig und arbeiten die Situation einfach ab. Auch das hängt zunächst einmal von der inneren Einstellung und/oder Disposition ab.

Ein Team von Wissenschaftlern der Stanford University rund um die Psychologin Alia Crum fand heraus, dass alleine die Bewertung von »Stress haben« eine unterschiedliche Stressreaktion erzeugt. Mit anderen Worten: Unsere Meinung zu Stress beeinflusst bereits unsere Stressreaktion. Crum zeigte ihren Probanden Videos zum Thema »Stress«. Das eine Video der ersten Gruppe hatte die Botschaft, dass Stress krank macht und alles andere als gut für uns ist. Eine zweite Gruppe sah ein Video mit umgekehrter Botschaft. Anschließend wurden beide Gruppen einem Stresstest unterzogen. Die Gruppe, die per Video positiv auf Stress eingestellt wurde, hatte eine deutlich gemäßigtere Stressreaktion und kam auch schneller wieder aus der Stressreaktion heraus. Die Wissenschaftler empfehlen daher, den Stress selbst positiv zu betrachten und ihn als körperliche Unterstützung für Höchstleistungen zu sehen.

Eine sehr schöne Betrachtung gibt mir auch meine britische Stiefmutter vor Vorträgen oder wichtigen Terminen gerne mit auf den Weg: »Adrenalin will help« oder auf Deutsch »Adrenalin hilft dir. Adrenalin ist dein Freund. Es aktiviert Kräfte, die du sonst nicht hast. Für den Vortrag bedeutet das, es fällt dir auch alles wieder ein.« Im Prinzip das genaue Gegenteil, von aufgeregter Sprachlosigkeit. Und meine Erfahrungen? Was soll ich sagen? Mir hat der Spruch immer geholfen. Und wenn mein Herz vor Aufregung im Hals klopft, dann weiß ich, dass ich jetzt Zugang zu allen meinen Ressourcen habe. Ich bin auf den Punkt hellwach. Ist doch super.

Grundsätzlich sollten wir Stress tatsächlich als Ressourcentüröffner betrachten. Denn ohne Stress würden wir morgens nicht mehr aus dem Bett kommen und nur noch lahm in der Gegend rumliegen. Das mag zwischendurch mal ganz schön und zur Erholung auch wichtig sein, als Dauerzustand allerdings nicht erstrebenswert. Zu viel Stress macht zwar auf Dauer blöd, zu wenig aber auch. Die richtige Dosis Stress lässt unsere Synapsen wachsen und trainiert unser Immunsystem. Also macht es durchaus Sinn, dem Stress an sich positiv zu begegnen.

Aber es gibt eben auch die negativen Stresserscheinungen. Zum Beispiel nachts nicht in den Schlaf zu kommen oder – fast noch schlimmer – Nachts so zwischen 2:00 und 3:00 Uhr wach zu werden und dann die Sorgendenkmaschine nicht mehr anhalten zu können. Das kennt jeder. Und je gestresster wir sind, umso wahrscheinlicher, dass wir einen festen Platz im nächtlichen Sorgenkarussell gebucht haben. Leider auch ein völlig natürlicher Vorgang. Zwischen 2:00 und 3:00 Uhr sind wir in der Regel in einer Leichtschlafphase, aus der wir relativ schnell aufwachen. Wer jetzt einen hohen Stresscocktails im Blut hat, der kann natürlich nicht mehr so schnell einschlafen. Und wenn man sowieso schon mal wach ist, dann kommen alle unerledigten Gedanken zum Spielen raus.

Das kann man nicht immer verhindern, aber man kann anfangen, damit umzugehen. Ein ganz banaler Trick ist eine To-do-Liste oder ein Gedankentagebuch. Alles, was mir noch so durch den Kopf geht, alles, was ich noch erledigen will: schnell aufschreiben. Das hilft tatsächlich und, was mich besonders freut, es ist auch seit Kurzem nachgewiesen. Der amerikanische Psychologe Michael Scullin fand mit seinem Team heraus, dass es für einen ruhigen Schlaf zuträglicher ist, die Aufgaben für den nächsten Tag am Abend zuvor aufzuschreiben, als die Erfolge des aktuellen Tages zu protokollieren. Studienteilnehmer, die ihre To-do-Liste für den nächsten Tag erstellten, schliefen schneller ein als jene Teilnehmer, die sich reflektierend mit ihren Tageserfolgen befassten. Und, das gefällt mir besonders, je differenzierter und länger die To-do-Listen waren, umso besser schliefen die Teilnehmer.

Wir können also tatsächlich Stress aus dem Kopf herausschreiben. Nicht jeden Stress, aber in jedem Fall den Stress, der durch das Gefühl verursacht wird, zu viele Dinge erledigen zu müssen. Macht ja auch Sinn, denn unser Gehirn unterscheidet nicht zwingend, ob wir eine Sache tatsächlich tun oder ob wir uns nur geistig damit befassen. Beim To-do-Listen-Schreiben und -Planen, haben wir schon das Gefühl, Probleme aktiv anzugehen, und unser Hirn ist erst mal zufrieden. Und ein zufriedenes Hirn schläft halt besser.

Übrigens bedeutet das nicht, dass wir unsere Tageserfolge nicht auch aufschreiben sollten. Wer das tut, geht nach kurzer Zeit mit einem positiveren Grundgefühl durchs Leben. Das trägt dann zusätzlich zum erholsamen Schlaf bei.

Wer den Montag lieben möchte, der macht einfach beides und legt ein Notizbuch mit To-do-Listen und Erfolgen an. In vielen Fällen hilft es auch, ganz einfach die Menge an Dingen, die wir erledigen wollen, zu reduzieren. Wir müssen nicht immer alles erledigen. Nicht im Job und erst recht nicht in der Freizeit. Es wird im Job auch immer mal wieder so sein, dass wir mehr Aufgaben sehen und auf den Tisch bekommen, als wir erledigen können. Da hilft nur eines: sinnvoll Prioritäten setzen. Immer die wichtigste Aufgabe zuerst, dann die zweitwichtigste und so weiter. Und wenn wir die drei unwichtigsten nicht mehr schaffen, ist das erfahrungsgemäß auch kein Beinbruch.

[30] Selbstverantwortung – den Job kann dir keiner abnehmen

Be responsible
Respectable
Stable but gullible
Concerned and caring
Help the helpless
But always remain
Ultimately selfish
Get the balance right
Get the balance right

Depeche Mode, englische Synthipopband, aus Get the balance right

Wer seine Arbeit wirklich hasst und sie nur macht, um sich etwas zu kaufen, wird irgendwann krank. Es sei denn, der Feierabend ist so erfüllend, dass man ein wenig – und bitte: es ist nur ein wenig – Ärger problemlos übersteht. Wenn dem aber nicht so ist, dann entsteht sogenannter Somastress. Somastress ist der Stress, den wir als Schmerzen oder körperliche Krankheitszustände wahrnehmen. Magengeschwüre, Kopfschmerzen und jede Menge Muskelverspannungen bis hin zum Bandscheibenvorfall gehören dazu. Im Prinzip meldet hier dein Unterbewusstsein über deinen Körper noch mal eindringlich: »Hey Freund, du findest deinen Job doch scheiße. Ich auch. Also tu was dagegen.« Solche Symptomatiken entstehen aus einer dissonanten Lebens- und Arbeitsweise.

Der Begriff der kognitiven Dissonanz beschreibt nichts anderes als eine Diskrepanz zwischen dem, was ich gerne hätte, und dem, was ist. Eigentlich ist es doch immer so, oder nicht? Stimmt, aber die Frage ist, wie stark dissonant die jeweilige Lebenssituation ist.

Der Psychiater Dr. Christian Dogs beschreibt es in einem seiner Vorträge sehr schön. Auf einer Skala von plus 10 bis minus 10 ist ein konsonantes – also ein harmonisches – Leben bei plus zehn angesiedelt. Hier trifft Wunsch auf Realität. Der Traumjob ist der Traumjob, ohne Wenn und Aber. Ein dissonantes Leben liegt bei minus 10. So hatten wir uns das überhaupt nicht vorgestellt. Bei 0 liegt die Normalität. Das heißt, »normal« ist nicht die Erfüllung aller Wünsche und Vorstellungen, sondern etwas, das uns nicht quält. Es ist zwar auch nicht die Erfüllung aller Träume, aber es ist doch alles in allem ganz okay. Wir können auf dieser Stufe zufrieden und glücklich werden. Stufe plus 10 erreichen wir in der Regel nur, wenn wir frisch verliebt sind oder gerade etwas erreicht haben, auf das wir schon lange hingearbeitet haben. Dieses Momentum ist nur sporadisch erreichbar. Das ist das Gemeine daran. Stufe minus 10 ist eigentlich auch nur für sporadische Ereignisse reserviert, wie zum Beispiel einen Todesfall in der Familie oder eine schwere Krankheit, aber wir schaffen es, uns auf dieser Stufe auch dauerhaft einzurichten. Psychiater und Psychologen gehen davon aus, dass ein zu langes Verweilen spätestens bei Stufe minus 4 krank macht. Wir entwickeln körperliche Symptome, weil der Körper uns erzählt, was wir kognitiv verdrängen wollen: So hatten wir uns das nicht vorgestellt.

Folgendes Beispiel aus meiner Coachingpraxis für eine krankmachende kognitive Dissonanz hat mich sehr zum Nachdenken gebracht. Denn einige Menschen, die montags auf dem Weg ins Büro immer kotzen müssen, bewegen sich tatsächlich auf Stufe minus 4 und tiefer auf der Skala von Dr. Christian Dogs.

Wenn du dich in der folgenden Geschichte wiederfinden solltest, dann ist der schnelle Gang zum Psychotherapeuten geboten. Ein einfaches Coaching reicht dann in der Regel nicht mehr, um wieder Lebensfreude zu erlangen.

Zu mir kam vor etwa einem Jahr ein junger Mann zum Coaching. Es ging ihm körperlich überhaupt nicht gut. Dabei war er noch nicht mal dreißig Jahre alt. Ein Bandscheibenvorfall in der Halswirbelsäule, verschiedene Lebensmittelunverträglichkeiten sowie starke Verspannungen im Schulter- und Nackenbereich machten den jungen Kerl zum körperlichen Wrack. Er stand bereits auf der Warteliste für einen Psychotherapieplatz, musste aber noch mindestens ein halbes Jahr überbrücken. In den Coachingsitzungen kotzte er sich regelrecht über seinen Job aus. Wie scheiße doch alles wäre und wie wenig Spaß ihm der Mist machen würde. Worauf ich ihn dann ganz naiv gefragt habe, warum er nicht etwas anderes machen würde. Seine Antwort lautete: »Na ja, der Job ist sicher und wird gut bezahlt.« Ihm war überhaupt nicht klar, dass seine Unzufriedenheit die Ursache seiner körperlichen Schmerzen sein könnte. Hinzu gesellten sich noch ein paar traumatische Erlebnisse aus der Kindheit. Inzwischen ist er in psychologischer Behandlung.

Das Dramatische an solchen Konstellationen ist: Leiden ist leichter als Handeln. Egal, in welchem Alter. Auch wenn es komisch klingt, aber Menschen sind alles andere als entscheidungsfreudig. Wir streben auch nicht nach Veränderung.

Leiden ist leichter als Handeln.

Nach der Konsistenztheorie von Klaus Grawe will unser Gehirn, dass unser Außen und unser Innen harmonisch sind, also konsistent. Je höher die Konsistenz, desto gesünder ist ein Mensch. Damit wäre in unserem Modell plus 10 kerngesund.

Laut Grawe müssen für ein konsistentes Leben vier Grundbedürfnisse erfüllt sein: Orientierung und Kontrolle, Lustgewinn und Unlustvermeidung, Bindung, Selbstwerterhöhung und -schutz.

Damit lässt sich erklären, warum der junge Mann nicht aus seinem verhassten Job aussteigen konnte und wollte. Die meisten seiner Grundbedürfnisse waren abgedeckt. Der Job bot ihm Orientierung und Kontrolle. Ein neuer Job oder gar eine Selbstständigkeit hätten auf jeden Fall einen Kontrollverlust und auch Orientierungsunsicherheiten zur Folge. Klar, ist die Kontrolle und auch die Orientierung irgendwann zurück, aber wann? Und vielleicht kommt sie doch nicht wieder. Lustgewinn und Unlustvermeidung sind in diesem Falle schwierig. Unlust erzeugte der Job auf jeden Fall, aber nicht genug, um in die Unlust des Neuanfangs zu gehen. Und es war ja für den Feierabend gesorgt. Er konnte sich seinen Lebensstandard leisten. Außerdem verschaffte der Job ihm Bindungen zu einigen Kollegen, die er durchaus mochte, und natürlich zu seiner privaten Peergroup. Selbstwerterhöhung und Selbstschutz waren auch abgedeckt: Schaffste was, dann haste was, dann biste was ...

So steckte der junge Mann in der Klemme. Um sich aus so einer Situation befreien zu können, braucht es als erstes Erkenntnis oder besser Einsicht. Wenn die Erkenntnis von außen reingedrückt wird, hat sie keinen Wert. Der Klient muss selbst erkennen, dass er handeln muss und kann. Das weiß jeder, der schon mal einen guten Rat von Freunden erhalten hat, die genau wussten, wie die jeweilige Situation zu lösen sei. In so einem Moment hört man sich den Rat an, ist höflich und sagt vielleicht noch so was wie »interessant«, aber innerlich denkt man: »Ja, ja ... du hast doch keine Ahnung. Bei mir ist das ganz anders.« Und dann vergisst man das Ganze so schnell wie möglich wieder. Das liegt in der Regel daran, dass Ratio und Gefühl nicht zusammenpassen. Das Gefühl sagt nämlich Nein und die Ratio säuft sich das Ganze dann passend zum Gefühl zurecht.

Manchmal erzeugt so ein guter Rat aber auch einen Aha-Effekt. Dann ist der Rat tatsächlich direkt durch die ersten drei Ebenen gerauscht und hat dort Resonanz erzeugt. Der Verstand freut sich und erklärt das Ganze dann noch logisch und schon ist eine Reaktion in Gang gesetzt ... Leider ein sehr seltener Vorgang.

Als Führungskraft, Coach oder auch als Freund kann man nur Angebote machen. Möglichkeiten aufzeigen. Auch Möglichkeiten, die man selbst nicht wählen würde. Es geht ja auch nicht um einen selbst. Es geht um den Menschen, der einem gegenüber sitzt. Ich zeige Klienten und Trainingsteilnehmern die Vorteile ihrer Jobs auf, wie sie für ihren Job wieder Verantwortung übernehmen und ihm neues Leben einhauchen können. Wenn das nicht funktioniert, dann schauen wir weiter.

Wer nun selbst in einer Zwickmühle aus großer Jobunzufriedenheit, vielleicht sogar mit psychosomatischen Nebenwirkungen und hoher Erwartungshaltung steckt, der muss seine Erwartungen, Wünsche und Träume auf den Prüfstand stellen. Und nicht nur das: Es gilt, Alternativen zu entwickeln und sich überlegen, welcher Preis für welche Entscheidung tatsächlich zu zahlen ist. Denn: Wir müssen die Verantwortung für unsere Entscheidungen, für unsere Arbeit, für unser Leben übernehmen. Sonst entscheidet das Leben oder es entscheiden andere über uns und das führt garantiert zur Montagsübelkeit.

4.
Love it, change it or leave it

But when the night is falling
You cannot find the light, light
You feel your dreams are dying
Hold tight
You've got the music in you
Don't let go
You've got the music in you
One dance left
This world is gonna pull through
Don't give up
You've got a reason to live
Don't forget
You only get what you give.

New Radicals, US-amerikanische Band, aus *You only get what you give*

Wer seinen Job liebt, der hat einen guten Job. Nicht umgekehrt. Auch wenn der Job von außen betrachtet im wahrsten Sinne des Wortes scheiße ist ...

Als ich achtzehn war, gab es in Hamburg noch das legendäre Madhouse. Eine Disco, die damals schon fast zwanzig Jahre existierte und richtig gut lief. Der Laden wurde eine Zeit lang mein zweites Zuhause. Ich mochte die Musik, die Leute und, kaum zu glauben, die Klofrau. Natürlich ist auf dem Örtchen für Mädels immer mehr los als auf dem für Jungs. Im Madhouse war das anders. Zwischen den Herren und den Damen gab es ein kleines Kabuff und da drin saß jeden Abend Halina. Sie rauchte wie ein Schlot und hielt mit allen einen kurzen Schnack. Und so war auf dem Klo immer was los. Auch wenn der Laden unten leer war, oben bei Halina traf man immer ein paar Leute zum Plaudern. Und in ihrem Kabuff hatte sie alles, was coole Discogänger so brauchten. Von Deo über Haarspray bis hin zu Tampons gab es alles. Fast wie ein kleiner Budni, aber die Sachen gab es einfach so. Außerdem gab's immer einen Cola-Lolli, wenn man ihr Trinkgeld gab. Die Lollis hatten zehn verschiedene Motive und wer alle zehn zusammenhatte, bekam eine Flasche Krimsekt von ihr. Viele der Stammgäste gingen, bevor sie zur Bar oder zur Tanzfläche gingen, immer erst mal hoch zu Halina, um Hallo zu sagen und kurz auf den neuesten Tratschstand gebracht zu werden. Selbstverständlich gingen wir auch immer noch kurz Tschüss sagen, wenn wir abhauten.

Der Job war sicherlich kein toller Job und auch nicht bombig bezahlt, aber Halina hätte auch einfach in ihrer Ecke hocken können und Dienst nach Vorschrift machen können. Dann hätte niemand mit ihr geklönt und niemand wäre zum Hallo- und Tschüss-Sagen schnell bei ihr vorbeigehuscht. Ihr Job wäre ein Scheißjob im wahrsten Sinne des Wortes gewesen. Dein Job ist immer der Job, den du selbst draus machst. Ja, mir ist klar, das ist Trainer- und Coachgesülze, aber das sind halt meine Erfahrungen. Eigene und beobachtete.

Oder nehmen wir ein anderes Beispiel. Kennst du die FISH!-Philosophie und den dazugehörigen Film? Ich zeige diesen Film gern in meinen Seminaren. Der Film handelt von einem Fischmarkt in Seattle. Inhaber ist John Yokohama. Dort werden Fische hin- und hergeworfen und die Jungs ziehen eine ordentliche Show für die Kunden ab. Sie erklären, dass es Spaß macht, Spaß zu machen. Die eigentliche Arbeit auf einem Fischmarkt ist hart und langweilig. Die Menschen könnten daher auch einfach nur ihre Arbeit verrichten. Tun sie aber nicht, denn sie haben irgendwann verstanden, dass es eine Entscheidung ist, die sie einfach nur treffen mussten. Ihre Arbeit wurde nicht besser, weil sie anders wurde, sondern weil sie entschieden haben, sich die harte Arbeit mit Spaß zu versüßen. Und dann stehen sie jeden Tag aufs Neue zu dieser Entscheidung. Einer der Jungs sagt treffend im Film: »Ich muss doch sowieso aufstehen und zur Arbeit gehen. Dann kann ich auch Spaß haben.« Ihre Geschichte wurde in verschiedenen Büchern beschrieben und unter dem Namen »Die FISH!-Philosophie« weltweit bekannt. Die Bücher sind Bestseller seit mehreren Jahren und das Motivationskonzept ist in der ganzen Welt erfolgreich. Wer jetzt aber meint, es handle sich um ein einfaches Tschakkarezept, bei dem morgens einfach ein bisschen Motivationshokuspokus gemacht wird, der irrt.

Der Laden von John Yokohama stand wirklich kurz vor der Pleite, als John mithilfe eines befreundeten Unternehmensberaters noch einen letzten Versuch unternahm, seinen Laden zu retten. John selbst hasste seinen Job und er hielt auch nicht viel von seinen Angestellten. Für so einen Job kriegst du eben nicht die hellsten Kerzen am Leuchter. Du kriegst ungelernte Arbeiter, in der Regel ohne Schulabschluss. Typen halt, die auch wissen, dass sie sich in ihrem Arbeitsleben nicht unbedingt selbst verwirklichen können. Zumindest nicht in dem Rahmen, den uns die Gesellschaft vorgibt.

Trotzdem schafften es John Yokohama und sein Freund, eine Arbeitsatmosphäre zu erzeugen, die nichts mehr mit der Plackerei und nervigen Kunden zu tun hatte. Allerdings ging das nicht von heute auf morgen. Es hat eine Weile gedauert und viel Engagement gekostet, bis Pike Place Fish Market - so heißt der Laden - World famous Pike Place wurde. Aber sie haben es geschafft. Den Laden gibt es heute, zwanzig Jahre nach der Beinahepleite, noch immer und er ist seit Jahren eine feste Attraktion in Seattle.

Beide Geschichten haben gemeinsam, dass es nicht die Tätigkeit an sich ist, die aus einem Scheißjob eine Beschäftigung macht, der man gern nachgeht. Allerdings muss ich auch zugeben, uns Deutschen liegt das in der Regel nicht so. Wir sind von Haus aus nicht das positivste Völkchen unter der Sonne. Wir sind mehr die Abteilung »Nicht gemeckert ist Lob genug«. Heißt auch: Wer nicht über seinen Job meckert, der hat es schon richtig gut getroffen. Verdächtig sind die, die erzählen, was für einen geilen Job sie haben, wie viel Spaß er macht und mit wie viel Freude sie morgens aus dem Bett springen.

Wer seinen Job liebt,

der hat einen guten Job.

Nicht umgekehrt.

Uns für unsere Arbeit aufopfern und Verantwortung übernehmen, können wir Deutschen richtig gut. Das mit dem Spaß an der Arbeit ist jetzt aber nicht so unser Ding.

Wie mit allen Dingen ist es auch mit der Arbeit: Spaß macht, was wir daraus machen. Wir können montags mit der Einstellung zur Arbeit fahren: »Scheiße, noch fünf Tage bis zum Wochenende.« Oder wir können unseren Fokus auf das lenken, was uns Freude macht. Wenn wir eh schon die Entscheidung getroffen haben, aufzustehen und zur Arbeit zu gehen, dann können wir das genauso gut gut gelaunt, offen und neugierig auf den Tag tun. Wer jedem Tag die Chance gibt, der beste Tag seines Lebens zu werden, der muss montags nie mehr kotzen. Kitschig, aber wahr.

[31] Glaubenssätze – Glück hat, wer an Glück glaubt

Hide it in the hiding place where no one ever goes
Put it in your pantry with your cupcakes
It's a little secret just the Robinson's affair
Most of all you've got to hide it from the kids

Simon & Garfunkel, US-amerikanisches Singer/Songwriter-Duo, aus *Mrs. Robinson*

»Arbeit adelt« ist einer von mehreren fragwürdigen Glaubenssätzen, die wir Deutschen schon mit der Muttermilch aufsaugen. Arbeit muss immer irgendwie hart sein, nur dann ist es auch richtige Arbeit. Doof nur, dass es in deutschen Büros keine harte Arbeit im eigentlichen Sinne mehr gibt. Kein Problem, dann machen wir es uns einfach ungemütlich. Dann fühlt es sich wenigstens wie richtige Arbeit an.

Glaubenssätze haben nicht zwingend etwas mit Religion zu tun, sie wirken aber fast wie religiöse Botschaften in uns. Wir wachsen mit ihnen auf. Wir bekommen sie durch Erziehung und durch die Gesellschaft, in der wir aufwachsen, vermittelt. Dabei müssen diese Glaubenssätze, die wir in uns tragen, nicht mal unseren tatsächlichen Glauben widerspiegeln. Dann haben wir einen Konflikt. Was im Übrigen ziemlich normal ist. Jeder hat ein paar hinderliche Glaubenssätze aus der Gesellschaft oder von den Eltern mitbekommen, mit denen er hadert. Ich auch. Also, willkommen im Klub. Das ist nicht weiter tragisch, wichtig ist nur, dass man sich irgendwann mal darüber bewusst wird und im eigenen Glaubenssatzköfferchen ordentlich aufräumt.

Zurück zu den deutschen Tugenden: Das sind Glaubenssätze. Erstaunlicherweise kennen die verschiedenen Nationalitäten untereinander die Glaubenssätze der jeweils anderen Nationalität. Und jeder weiß, dass die Deutschen präzise, pünktliche Durchhalter sind. Hart im Nehmen und belastbar. Das sind alles sehr schmeichelhafte und positive Attribute. Von außen betrachtet. Aber wer in diesem Muster drinsteckt, findet seine Arbeit in den seltensten Fällen wirklich toll. Niemand würde sich auf eine Stellenanzeige bewerben, in der steht, dass man präzise, pünktlich, hart im Nehmen und überdurchschnittlich belastbar sein sollte. Und durchhalten muss man auch noch … Na gut, belastbar steht in den meisten Stellenanzeigen und pünktlich und präzise ist doch wohl selbstverständlich und niemand will ein Weichei sein … So sind wir halt und das ist auch gut so. Es spricht aber auch überhaupt nichts dagegen, dem Attributekanon noch ein paar Strophen hinzuzufügen.

Wie wäre es zum Beispiel mit Spaß? Einfach mal ein bisschen Arbeitsfreude haben und mal schauen, was außerhalb der schnöden Pflichterfüllung noch so geht. Ich hatte beispielsweise mal eine Marmeladenkochphase. Das Dumme war nur, dass wir so gut wie gar keine Marmelade in unserer Familie essen. Irgendwann waren die Kellerregale voll und so oft wurden wir dann auch nicht eingeladen, dass der Mitbringselzwang das Problem hätte lösen können. Also bin ich irgendwann morgens beim Bäcker vorbei, habe für die ganze Abteilung Brötchen geholt, Butter eingepackt und sechs verschiedene Sorten Marmelade. Das kam total gut an. Alle haben sich gefreut und mir war es eine Freude, zu sehen, dass meine Marmelade den Kollegen schmeckte. Es wurde kurz geklönt, gemeinsam ein Kaffee getrunken und alle gingen wieder an ihre Arbeit. Ein paar Tage später brachte ein Kollege die Überproduktion Kekse mit, die seine Frau am Vortag produziert hatte. Wieder standen alle um den Küchentresen, klönten kurz und waren besser gelaunt als zuvor. Wer anderen Menschen eine Freude macht, der bekommt in der Regel auch Freude zurück. Warum also nicht einfach mal dafür sorgen, dass es den Kollegen gut geht? So richtig schön eigennützig, denn wenn es den Kollegen gut geht, ist die Stimmung gut, und wenn die Stimmung gut ist, dann macht die eigene Arbeit mehr Spaß. Wir vergessen viel zu oft vor lauter Arbeit und Pflichterfüllung, dass wir es täglich mit Menschen zu tun haben, die sich genauso über Kleinigkeiten freuen wie wir. Wenn aber niemand den Anfang macht, dann passiert auch nichts. Warum denn immer nur Kuchen backen zum Geburtstag? Warum nicht einfach mal so? Oder ein paar Kinderriegel kaufen und jedem Kollegen einen auf den Schreibtisch legen? Kostet nicht die Welt, macht den Tag aber so viel besser. Übrigens weiß ich aus Erfahrung, dass die, die am meisten über ihren Job schimpfen, am wenigsten für eine gute Atmosphäre bei der Arbeit tun. Jeder ist für die herrschende Arbeitsatmosphäre mitverantwortlich.

Wer jetzt denkt, das funktioniert doch nie, der überlege sich einfach einmal, warum wir gähnen, wenn jemand anderes gähnt. Oder warum wir lachen, wenn jemand versucht, einen Witz zu erzählen, und vor lauter Lachen gar nicht zum Erzählen kommt. Das, was da erzählt wird, ist in der Regel überhaupt nicht witzig und nur, weil jemand gähnt, sind wir noch lange nicht müde. Wir sind halt empathische Wesen. Ob wir wollen oder nicht. Verantwortlich hierfür zeichnen nach aktuellem Stand der Hirnforschung übrigens *nicht* die Spiegelneuronen. Ich habe das auch lange in meinen Seminaren behauptet. Klingt ja auch super, zu erzählen, wir hätten ein Empathiezentrum im Gehirn. Haben wir ja auch, nur leider sind es nicht, wie gern verbreitet, die Spiegelneuronen an sich.

In den Neunzigerjahren entdeckte ein Team von Neurophysiologen – Giaco-mo Rizzolatti, Vittorio Gallese und Leonardo Fogassi – eine Formation von Hirnzellen, die aktiv waren, obwohl ihre Versuchsaffen gar nichts aktiv taten. Sie schauten nur zu ... Ursprünglich wollten die Forscher wissen, welche Gehirnregionen wie eine Bewegung planen. Dazu setzten sie Ma-kakenaffen haarfeine Elektroden ein und maßen die Aktivität der grauen Zellen. Durch Zufall entdeckten sie, dass die Zellen die gleiche Aktivität zeigten, auch wenn die Affen nur beobachteten, wie ihre Artgenossen ak-tiv waren. Es schien, als mache das Affenhirn keinen Unterschied zwischen einer selbst ausgeführten Bewegung und einer beobachteten. Mit dieser Entdeckung brach der Spiegelneuronenwahnsinn los. Obwohl die Forscher selbst eine recht unspektakuläre Schlussfolgerung aus ihrer Entdeckung zogen. Sie glaubten nämlich, dass die Spiegelneuronen uns einfach in die Lage versetzen, Handlungen und ihre Ergebnisse vorweg zu nehmen. Ja, auch eine Art Empathie, aber auch von praktischem Nutzen, können wir so doch auch einen Ball fangen. Schließlich sind wir in der Lage, den Ballwurf und sein Ergebnis vorwegzunehmen. Damit sind die Spiegelneuronen auf einer sehr praktischen Ebene angesiedelt. Im Jahr 2007 wiesen Forscher nach, dass Spiegelneuronen auch feuern, wenn ein Roboter eine Handlung ausführt. Und dabei handelte es sich nicht um einen süßen, zum Leben er-weckten Pixar-Charakter. Es war eine einfache Maschine, die ein Glas Wein einschenkte. Mit Empathie hat das so gut wie gar nichts zu tun.

Das schließt natürlich nicht aus, dass Spiegelneuronen trotzdem für das Gefühlsverständnis anderer zuständig sein könnten, sie sind aber eben nicht die Empathieregion für die sie eine Weile gehalten wurden. Denn wer eine Handlung wahrnimmt, der versteht sie noch lange nicht. Das hat jeder bei sich selbst schon einmal festgestellt. Wie oft beobachten wir Menschen und schütteln innerlich den Kopf. Frei nach dem Motto: »Was soll das denn jetzt?«

Die Psychologin Raffaella Rumiati hat das Ganze mit ihrer Forschung mit Apraxie-Patienten in einen wissenschaftlichen Zusammenhang gebracht. Das Gehirn ihrer Patienten war so geschädigt, dass sie bestimmte Handlungen nicht mehr gezielt ausführen konnten. Dabei entdeckte Rumiati, dass ein Unterschied zwischen Erkennen und Handlung existieren muss, denn manche Patienten waren in der Lage, eine Handlung auszuführen, obwohl sie die dazugehörigen Objekte nicht erkannten. Umgekehrt erkannten andere Patienten die Objekte, konnten aber keine dazugehörige Handlung einleiten. Mit anderen Worten: Verschiedene Hirnregionen sind zuständig. Eine für das Erkennen und eine andere für die Handlungsumsetzung beziehungsweise für das Handlungsverständnis.

Die Spiegelneuronen sind ein Teil unserer Empathiefähigkeit. Aber eben nur ein Teil. Menschen sind hochsoziale Wesen, mit extrem vielen Zwischentönen. Und so funktioniert auch das Gehirn: mit vielen Zwischentönen und auf verschiedenen Ebenen. Die Spiegelneuronen sind vermutlich die erste Ebene, die eine Handlung beziehungsweise ein Verhalten registriert und nachvollziehbar macht. Aber danach muss noch etwas mehr passieren, damit wir gefühlsmäßig tatsächlich aus dem Knick kommen und empfänglich für eine Gute-Laune-Atmosphäre im Büro werden. Aber egal, welcher Hirnteil nun dafür zuständig ist, wir wissen aus Erfahrung, dass es funktioniert.

Wer also hin und wieder seinen Kollegen eine Freude macht, einfach nur so, der freut sich automatisch mit und setzt mit etwas Hartnäckigkeit eine Glücksspirale in Gang. Zusätzlich ist es hilfreich, das eigene Glaubenssatzgepäck einmal gründlich aufzuräumen. Muss Arbeit anstrengend sein? Und ist Arbeit eine ernste Sache? Arbeite ich eigentlich zum Spaß? Darf man überhaupt zum Spaß arbeiten ... Es lohnt sich, diese verbreiteten Weisheiten für sich genau zu beleuchten und mal in sich hineinzuhorchen, welche sich heimlich, still und leise im eigenen Unterbewusstsein versteckt haben. Sie dort wieder rauszuschmeißen, ist ein starkes Mittel gegen Montagsübelkeit.

Engagement – Mit Anlauf raus aus der Schafherde! [32]

Baby, now I'm gonna get my message to you
And I hope that you believe in it too
It maybe take some time but all that's in your mind
You can make it come true
And it's crazy, that the people wait for someone who's strong
Even though they could do it on their own
'Cause everyone of us has a hero in his heart

Sarah Connor, deutsche Sängerin, aus *From zero to hero*

Atmosphäre ist mehr als die halbe Miete. Wer sich eine gute Arbeitsatmosphäre schafft, der fühlt sich in der Regel wohl in seinem Job. Klar muss man sein Hirn dafür auch mal anstrengen und sich vorwagen, aber so ein Riesending ist das nicht.

Nur manchmal reichen die vielen Kleinigkeiten nicht. Da müssen sich doch große Dinge ändern oder man hat eine gute Idee und will, dass die umgesetzt wird. Dann hilft alles nichts, dann muss man seinen Kopf aus der Masse rausstrecken. Aber richtig! Die meisten geben in einem Meeting nur gerne ihre Meinung zum Besten und sind beleidigt, wenn niemand auf sie eingeht. Manchmal suchen sie dann auch noch das Gespräch mit dem Chef, um ihre Ideen noch einmal zu erläutern, was häufig auch nichts bringt. Gekränkte Eitelkeit ist oft die Folge. Dann ist der Chef plötzlich ein blöder Hund, der keine Ahnung hat, wovon er spricht. Verständlich, aber der Weg war von Anfang an so vorgezeichnet. Die, die sagen: »Das bringt doch alles eh nichts«, haben in diesem Szenario übrigens immer recht. Es stimmt, dass es fast nie etwas bringt, einfach die eigene Meinung aus der eigenen Perspektive zu äußern. Das gilt nicht nur im Job, das gilt überall. Schon mal aufgefallen? Jeder gute Verkäufer weiß das übrigens.

Dem Vorgesetzten oder einem anderen Entscheider eine neue Idee darzulegen, ist nichts anderes, als diese Idee zu verkaufen. Wer es nicht hinkriegt, aus der Sicht des Chefs und des Unternehmens zu argumentieren, der wird scheitern.

Also, wenn du eine Idee hast, trau dich. Aber mache es richtig! Dabei kann es sich auch ruhig um eine neue Unternehmensstrategie für den Vorstand handeln, mit dem du noch nie drei Worte gewechselt hast. Du musst nur die richtige Argumentation finden und dann einfach eine Vorstandsvorlage schreiben und abschicken. Geht nicht? Doch. Ich habe es selbst in meiner Angestelltenzeit gemacht, als ich in der Finanzdienstleistungsbranche unterwegs war. Meiner Ansicht nach hätte sich unser Unternehmen damals ganz anders ausrichten müssen. Also habe ich meine Ideen aufgeschrieben, durchdacht und mit Argumenten für das Unternehmen unterlegt. Das Ganze habe ich an den Vorstand geschickt, der mich zu diesem Zeitpunkt garantiert nicht mit Namen kannte. Im Ergebnis wurden meine Ideen zwar nicht umgesetzt, damit muss man immer rechnen, aber ich wurde in die Vorstandsgruppe zur strategischen Neuausrichtung aufgenommen, was meine Karriere beschleunigte, vor allem aber meinen Job sehr viel interessanter machte, da ich vollkommen neue Einblicke und Perspektiven erhielt.

Die Kehrseite war, dass mein direkter Vorgesetzter, den ich gezielt übergangen hatte, natürlich not amused war. Das hatte ich aber in Kauf genommen, da ich in der Vergangenheit schon ein paarmal versucht hatte, etwas über ihn in Richtung Vorstand auf den Weg zu bringen, was aber nie geklappt hatte. Heute kann ich verstehen, warum. Mein Abteilungschef stand nicht hinter meinen Ideen. Das ist auch vollkommen legitim. Er wollte allerdings auch nicht, dass ich meine Ideen selbst vortrug, und so hörte dann meine Loyalität auf. Aus meiner Sicht muss eine Führungskraft so viel Hintern in der Hose haben, einem Mitarbeiter zumindest nicht den Weg zu verstellen, wenn es um Vorschläge für die Chefetage geht. Ich frage mich heute noch, warum mein damaliger Chef mich so blockierte. Er musste meine Ideen ja gar nicht verkaufen. Er musste sie ja nicht mal

Wer sich wie ein Schaf benimmt, der wird auch wie ein Schaf behandelt.

unterstützen. Er hätte ja nur sagen müssen:»Ja, mach mal. Mal sehen, was daraus wird.« Wäre es gut gegangen, dann hätte er auch etwas davon gehabt, und wenn nicht, dann wäre ich halt der Depp gewesen.

Aber das ist natürlich etwas, was wir von Kindesbeinen an abtrainiert bekommen. Ich habe bisher wenige Eltern sagen hören:»Ja klar, mach mal. Wenn's schief geht, ist nicht schlimm, und wenn's gut geht: super!« Zumindest nicht, was Schul-, Studien- oder Berufswahl betrifft. Vielleicht kommt es daher. Wer weiß?

Es gibt Konzerne, die ermuntern ihre Mitarbeiter, ihre Ideen direkt an den Vorstand zu geben. Da wird teilweise sogar gefragt, ob jemand Ideen hat. Super! Schade nur, dass so wenige Menschen in der Regel von solchen Angeboten Gebrauch machen. Noch schlimmer: In nicht wenigen Unternehmen wissen die Mitarbeiter gar nicht, wie sie partizipieren könnten. Mangelnde Kommunikation killt heute leider noch viele gute Ansätze.

Ich plädiere sicherlich für starke, verantwortungsbewusste, menschenfreundliche und mutige Führungskräfte und will sie nicht aus der Verantwortung nehmen. Aber umgekehrt wird genauso ein Schuh draus. Auch der normale Mitarbeiter, der in vielen Unternehmen heute auch schon ein Studium mitbringt und eine viel bessere Ausbildung hat als vor zwanzig Jahren so mancher Vorstandsvorsitzende, hat eine Verantwortung in diesem Spiel. Dazu fällt mir ein schöner Spruch meiner Oma ein:»Wer sich wie ein Schaf benimmt, der wird auch wie ein Schaf behandelt.« Also raus aus der Schafherde, mitgestalten und nicht beim ersten Gegenwind die Flinte ins Korn werfen.

Und tschüss – Wenn die Party doof ist, dann geh! [33]

What can I say? (I don't want to play) anymore
What can I say? I'm heading for the door
I can't stand this emotional violence
Leave in silence

Depeche Mode, englische Synthiepopband, aus *Leave in silence*

Die eigentliche Kunst im Leben ist immer, zu erkennen, wann es Zeit ist, die Flinte ins Korn zu werfen oder sie zu schultern und in ein neues Jagdgebiet zu ziehen. Gott sein Dank ist ein Stellenwechsel heute kein Makel mehr. In meiner knapp zwanzigjährigen Karriere als Angestellte und Führungskraft habe ich für drei Werbeagenturen und vier Finanzdienstleister gearbeitet. Eigentlich fünf Finanzdienstleister, aber bei einem habe ich die Probezeit nicht überstanden. Das, finde ich, zählt nicht. Als Erfahrung auf jeden Fall, aber nicht als wirklich gearbeitet. Ich war auf der Suche nach meinem Traumunternehmen und auch nach meinem Traumjob.

Am Anfang bin ich hauptsächlich an mir selbst gescheitert. Ich habe immer auf eine Gelegenheit gewartet, dass jemand erkennt, zu was ich fähig bin. Und so habe ich ziemlich viele wirklich gute Gelegenheiten einfach verpasst. Das ist mir aber erst sehr viel später bewusst geworden. Und irgendwann habe ich begonnen, mir meine Gelegenheiten selbst zu schaffen. Ich bin damit auch nicht immer auf Gegenliebe gestoßen. So ist das Berufsleben.

Ach was, so ist das Leben. Auch wenn du aus allen Zitronen, die dir dein Berufsleben schenkt, Zitronenlimonade machst, es muss sie immer auch noch jemand trinken wollen. Auch das ist eine Realität. Erfolg stellt sich halt immer nur dann ein, wenn Vorbereitung auf Gelegenheit trifft. Du kannst den besten Fleischsalat unter der Sonne kreieren, aber auf einer Veganerparty kommst du damit nicht weit. Wenn du also merkst, du bist mit deinem Fleischsalat auf einer Veganerparty: Such dir eine andere Party.

Oder wie es so schön bei den Dakota-Indianern heißt: »Wenn du merkst, du reitest ein totes Pferd: Steig ab!« Das Schlimme ist: Die meisten Menschen lieben es, auf ihren toten Gäulen zu hocken und sich zu beschweren, dass sie nicht vorwärtskommen oder dass das Reiten langweilig ist.

Extrem spannend finde ich ja, dass wir uns über Manager und Unternehmensberater mit diesem Spruch lustig machen. In folgender und ähnlicher Form kursieren solche Witze im Internet:

Was machen Manager und Unternehmensberater, wenn sie merken, dass sie ein totes Pferd reiten?

- *Sie besorgen sich eine stärkere Peitsche.*
- *Sie wechseln die Reiter.*
- *Sie sagen:* »*So haben wir das Pferd immer geritten.*«
- *Sie gründen eine Arbeitsgruppe, um das Pferd zu analysieren.*
- *Sie besuchen andere weit entfernte Orte, um zu sehen, wie man dort tote Pferde reitet.*
- *Sie erhöhen die Qualitätsstandards für den Beritt toter Pferde.*
- *Sie bilden eine Taskforce, um das tote Pferd wiederzubeleben.*
- *Sie schieben Trainingseinheiten ein, um besser reiten zu lernen.*
- *Sie stellen Vergleiche unterschiedlich toter Pferde an.*
- *Sie ändern die Kriterien, die besagen, ob ein Pferd tot ist.*
- *Sie schirren mehrere tote Pferde zusammen an, damit sie schneller werden.*
- *Sie erklären:* »*Kein Pferd kann so tot sein, dass man es nicht noch schlagen könnte.*«
- *Sie beantragen zusätzliche Mittel, um die Leistung des Pferdes zu erhöhen.*
- *Sie machen eine Studie, um zu sehen, ob es Berater gibt, die das tote Pferd billiger reiten. Sie kaufen ein Produkt, das tote Pferde schneller laufen lässt.*
- *Sie erklären, dass ihr Pferd* »*besser, billiger und schneller*« *tot ist.*

- *Sie bilden eine Arbeitsgruppe, um eine Verwendung für tote Pferde zu finden.*
- *Sie überarbeiten die Leistungsbedingungen für tote Pferde.*
- *Sie richten eine selbstständige Kostenstelle für tote Pferde ein.*
- *Sie sagen: »Das tote Pferd funktioniert wie vorgesehen.«*
- *Sie lassen das tote Pferd 48 Stunden ausruhen und probieren aus, ob es danach wieder läuft.*
- *Sie schirren das tote Pferd vor eine Postkutsche, die auf einer anderen Linie fährt.*

So und in ähnlicher Form hängt es in vielen Büros. Ist ja auch sehr unterhaltsam. Allerdings wird für jeden Arbeitnehmer, der unzufrieden ist, auch ein Schuh draus. Man muss das Ganze nur ein wenig umformulieren:

Was machen unzufriedene Arbeitnehmer, die tote Pferde reiten?
- *Sie besorgen sich eine stärkere Peitsche.*
- *Sie sagen, es liege am Pferd.*
- *Sie sagen, der Trainer tauge nichts.*
- *Sie gründen eine Selbsthilfegruppe, um das Pferd zu analysieren.*
- *Sie besuchen weit entfernte Orte, um sich von der anstrengenden Reiterei zu erholen.*
- *Sie fordern höhere Löhne für den Beritt toter Pferde.*
- *Sie machen eine Fortbildung, um das tote Pferd wiederzubeleben.*
- *Sie machen Überstunden, um besser reiten zu lernen.*
- *Sie stellen Vergleiche unterschiedlich toter Pferde an (bevorzugt mit Reitern anderer toter Pferde beim Mittagessen),*
- *Sie überlegen, warum ihr Pferd nicht tot sein kann.*
- *Sie tun sich mit anderen Reitern toter Pferde zusammen, um herauszufinden, dass es nicht an ihnen liegt, dass ihr Pferd tot ist.*
- *Sie erklären: »Kein Pferd kann so tot sein, dass man nicht sauer auf den Trainer sein könnte.«*
- *Sie beantragen zusätzliche Mittel, um die Leistung des Pferdes zu erhöhen.*

- *Sie kaufen ein Produkt, das tote Pferde schneller laufen lässt.*
- *Sie erklären, dass tote Pferde normal seien. Wer was Gegenteiliges behauptet, sei verrückt.*
- *Sie bilden eine Feierabendgruppe, um ihre Verdienste um das Reiten toter Pferde zu würdigen.*
- *Sie schrauben ihre Erwartungen an die Leistungen toter Pferde herunter.*
- *Sie sagen: »Dass das tote Pferd nicht funktioniert, liegt nicht an uns.«*
- *Sie lassen das tote Pferd 48 Stunden ausruhen und probieren aus, ob es danach wieder läuft.*
- *Sie schirren das tote Pferd vor eine Postkutsche, die auf einer anderen Linie fährt.*

Es ist natürlich unglaublich unbequem, einen neuen Job zu suchen. Das fängt schon mit der lästigen Bewerberei an. Da muss es noch gar nicht um erlernte Hilflosigkeit, wie ein paar Seiten vorher beschrieben, gehen. Einfache Unlustvermeidung ist in vielen Fällen schon völlig ausreichend. Der eigene Lebenslauf müsste angepasst werden. Neue Bewerbungsfotos müssten gemacht werden. Und ein passendes Unternehmen, das eine passende Position bietet, will ja auch gefunden werden ...

Der präfrontale Kortex ist zwar bei der Sache, braucht jedoch eine ganze Menge Energie und so unglaublich viel Spaß macht das Ganze ja auch nicht, also riegelt das limbische System mal eben den Enthusiasmus auf null runter. Damit hat sich auch das Engagement des präfrontalen Kortex schnell besprochen. Unlustvermeidung ist die Devise. Okay, dann eben nicht. Vielleicht wird noch ein bisschen prokrastiniert – die Energie auf etwas Bekanntes verschieben.

Wusstest du, dass Studentenwohnungen vor Klausuren immer besonders sauber sind? Der Prüfling fährt am Morgen seinen Energielevel hoch, dieser müsste aber für den Start des Lernvorgangs noch etwas höher sein, denn die Unlusthürde ist beim Lernen doch gewaltig. Die Energie reicht also nicht ganz, um über die Unlusthürde hinwegzukommen, und so entlädt sich die

Energie im Vermeidungsverhalten. Putzen ist angesagt. Zwar auch doof, aber eben nicht so doof wie Lernen. Außerdem sieht man sofort ein Ergebnis. Eine nicht zu unterschätzende Stimulation.

Wer den Job wechseln möchte und sich dem Thema »Bewerbung« stellen muss, hat noch eine weitere Hürde zu meistern: Wir machen einen ersten Schritt, um unsere Gewohnheiten zu ändern, und zudem verlassen wir bekanntes Gelände. Unbekanntes Gelände könnte zwar spannend für Neugierige sein, ist aber eben auch extrem einschüchternd. Das wirkt auf unser Gefühlszentrum wie ein dunkler Dschungel voller unbekannter Gefahren. Das weiß das limbische System schon, bevor die Idee im präfrontalen Kortex überhaupt richtig ankommt. Und so regelt das Gefühlszentrum das Problem mal eben alleine. So kommt es, dass wir zwar wissen, was gut für uns ist und was wir tun sollten, es aber trotzdem nicht tun.

Bei der Tüte Chips am Abend ist so ein Verhalten noch ganz nachvollziehbar, bei der Initialzündung, sich einen neuen Job zu suchen, ist es rational betrachtet schon schwieriger zu verstehen. Das Perfide an den Mechanismen unseres Gehirns ist, dass das limbische System die Entscheidung fällt und der präfrontale Kortex uns die Entscheidung am Ende nur noch logisch verkaufen darf. Wir haben dann das Gefühl, dass es ja viele richtig gute Argumente dafür gibt, eine Bewerbung doch nicht zu schreiben. Wir glauben natürlich sehr gerne, was unser Gehirn uns so auftischt. Zumindest in derartigen Situationen. In anderen Bereichen wissen wir um die eigene Unvernunft. Frauen beim Schuhkauf würden nie behaupten, dass ihre Entscheidungen etwas mit Logik zu tun hätten. Männer werden umgekehrt auch selten die Position vertreten, dass beim Kauf von so manchem Technikspielzeug wie Fernseher, Handy oder Apple Watch nur der Verstand und das Bewusstsein am Zuge wären. Da haben wir aber immerhin noch so eine Ahnung, dass unser Gehirn uns irgendwie bescheißt, aber wenn es um wirklich wichtige Entscheidungen geht, wie beispielsweise den überfälligen Jobwechsel oder den Abschluss einer Altersvorsorge, da denken wir, unsere grauen Zellen würden ein ehrliches Spiel mit uns spielen.

Warum sollten sie das? Eine Entscheidung ist für das Gehirn eine Entscheidung. Es ist ihm völlig egal, was da gerade entschieden wird. Ob es um den Kauf des morgendlichen Müslis geht oder um die Frage, ob man heiratet oder nicht. Es ist dasselbe Gehirn mit denselben Mechanismen. Es geht um Option A oder B. Aaaaa, meldet sich jetzt der präfrontale Leserkortex zu Wort: Natürlich ist das ein Unterschied. Der dazugehörige Zeithorizont und die Konsequenzen von Entscheidungen sind doch vollkommen verschieden. Das stimmt. Das schnallt unser Gehirn aber nicht wirklich. Wir wissen zwar, dass eine Heirat theoretisch bis zum Tod dauert und dass Müsli nach höchstens zwei Wochen aufgegessen ist, aber verstehen tun wir das nicht wirklich. Was wir aber sehr wohl verstehen, ist, ob wir den Partner super finden und ob das Müsli schmeckt. Dann kommt der präfrontale Kortex dazu und setzt noch ein paar logische Argumente drauf, warum der Partner super ist und warum das Müsli nicht nur schmeckt, sondern auch noch gesund ist. Die Entscheidung wurde längst gefällt. Aber so ein bisschen bestätigende Logik schadet halt nicht.

Eindrucksvoll beweist das das sogenannte Libet-Experiment. Sorry, aber ich habe mir diesen Sachverhalt tatsächlich nicht ausgedacht. Der Neurowissenschaftler Benjamin Libet interessierte sich Anfang der Achtzigerjahre für den Ablauf einer Handlungsentscheidung. Er wollte wissen, wann das Hirn wie arbeitet, um eine Handlung einzuleiten. Dazu verdrahtete er seine Probanden, um Hirnströme und Muskelbewegungen entsprechend dokumentieren und auswerten zu können. Die Probanden sollten auf eine Art Uhr schauen, auf der ein Punkt im Kreis lief, und sich einfach merken, wo der Punkt war, als sie eine Entscheidung fällten. Die Entscheidung war einfach. Sie sollten ihre Hand heben oder eben nicht. Spontan oder sich im Geiste einen Plan machen und dementsprechend die Hand heben. Das Ergebnis fachte die Diskussion um den freien Willen erheblich an, denn es zeigte, dass das Gehirn eine Entscheidung einleitet, bevor es der Person bewusst ist. Das Unbewusste ist also immer auf schnellen Füßen unterwegs. Und das sogar signifikant früher (Magrabi 2015). Verschiedene Wissenschaftler haben das Experiment inzwischen in verschiedenen Versuchskonstellationen bestätigt. Die Diskussion, ob es basierend auf diesen Ergebnissen überhaupt einen freien Willen oder einen vernunftbegabten Menschen gibt, ist aber wieder abgeflaut, denn komplexeren Entscheidungen ist trotz modernsten Hirnscannern nicht so einfach auf die Schliche zu kommen. Eines ist Verhaltens- und Gehirnforschern jedoch klar: Das limbische System entscheidet mehr, als uns lieb ist. Und das kriegen wir eben nicht mit. Ob es uns gefällt oder nicht.

Damit wir tatsächlich unseren Hintern hochbekommen und die Bewerbungshürde nehmen, muss einiges an Willenskraft und Hirnüberlistung eingesetzt werden. Wer das schon einmal mit Erfolg gemacht hat, dem fällt es beim nächsten Mal leichter. Für mich sind Bewerbungsprozesse keine große Sache. Ich weiß, wie das geht. Hab ich ja oft genug gemacht. Ich weiß aber auch, dass auf eine erfolgreiche Bewerbung mindestens zehn Absagen kommen, und das ist noch sehr optimistisch gerechnet. Ich habe auch schon mal um die fünfzig Bewerbungen für einen Jobwechsel geschrieben. Das ist zugegebenermaßen kein Lustgewinn. Und die Vorstellungsgespräche sind auch nicht immer toll. Am schlimmsten waren für mich immer die wirklich netten Vorstellungsgespräche, die dann aber doch mit einer Absage endeten. Die dann einsetzenden Selbstzweifel sind nicht schön. Wer danach in die Vermeidungshaltung geht, der hat mein Verständnis. Aber nur, wenn er danach den Job, den er noch hat, zu schätzen beginnt. Wer weiter rumnörgelt und sich als Opfer positioniert, der ist eher ein Abknicker (erlernte Hilflosigkeit ausdrücklich ausgeschlossen).

Abknicken ist okay, aber nur mit zeitlicher Begrenzung. Irgendwann muss man sich kurz schütteln und wieder angreifen. Am besten indem man aus seinen vorher gemachten Bewerbungsfehlern etwas lernt. Als ich einmal mehr als fünfzig Bewerbungen geschrieben hatte, habe ich mich in eine andere Branche auf eine Führungsposition beworben und hatte dann endlich Erfolg.

Manchmal helfen alle Pillen der Welt nicht gegen die immer wieder eintretende Montagsübelkeit. Dann sind wir in unserem aktuellen Job tatsächlich austherapiert und es hilft nur noch ein Wechsel. Ja, das ist ein Sprung ins Unbekannte, aber manchmal ist das Unbekannte viel weniger bedrohlich, als wir glauben. Wir sollten uns dann nicht von unserem Denkapparat austricksen lassen. Wir müssen eben nicht alles glauben, was unser Hirn denkt. Menschen, die schon öfter das Unternehmen gewechselt haben, wissen das und tun sich leichter. Sie tun sich aber nicht leichter, weil sie bessere Qualifikationen haben. Sie tun sich leichter, weil für sie Bewerbung und Jobsuche gewohnte Situationen sind.

[34] Veränderung – Ein neues Spiel! Ein neues Glück!

»Es ist nicht nur zu früh, es ist nicht zu spät.
Ein guter Plan ist mehr als eine Idee.
Werf' nicht mehr alles in einen Topf.
Veränderung braucht einen klaren Kopf.«

Clueso, deutscher Singer/Songwriter, aus Neuanfang

Auch wenn sich der bequeme Teil unseres Gehirns mit aller Macht gegen Veränderungen wehrt, es gibt einen Teil, der steht auf Veränderung. Denn im Grunde ist unser Gehirn unglaublich flexibel. Selbst bei den Menschen, die mit »Das haben wir immer schon so gemacht« um die Ecke biegen. Im Prinzip ist unser Gehirn nämlich auf lebenslanges Lernen hervorragend eingestellt. Der Begriff der Stunde ist neuronale Plastizität. Diese ist in verschiedene Arten unterteilt, was in diesem Kontext aber zu weit führen würde. Die wichtige Botschaft aus dieser im Grunde revolutionären Entdeckung der Hirnforschung ist, dass wir bis ins hohe Alter lernen können, wollen und sollten!

Dabei sind natürlich alte Glaubenssätze wie »Was Hänschen nicht lernt, lernt Hans nimmermehr« wahnsinnig hinderlich. Oder auch die körperlichen Einschränkungen, die das Alter so mit sich bringt. Daher kommt vermutlich auch die irrige Ansicht, man könne im Alter kein neues Musikinstrument mehr lernen. Das stimmt nicht. Das können wir in jedem Alter. Allerdings schränkt sich unsere Bewegungsfähigkeit mit dem Alter immer mehr ein und das macht es uns dann schwerer. Unser Hirn hat keine Probleme. Nur wenn es eh selten benutzt wurde. Dann gibt es auch dort Schwierigkeiten. Was sich im ersten Moment lustig anhört, kann ab einem gewissen Alter dramatische Auswirkungen haben. Wer seinem Gehirn nichts Neues mehr gönnt, der hat eine höhere Wahrscheinlichkeit, an Alzheimer zu erkranken. Dabei geht es nicht um die ganz netten Gehirnjogging-Spiele. Dort wird nur bereits Erlerntes abgefragt. Es geht um wirklich neue Erfahrungen, die das Gehirn herausfordern. An neue Urlaubsorte reisen. Ein Ferienhaus am Lieblingsurlaubsort ist toll, aber keine Aufgabe für das Gehirn. Es läuft auch im Urlaub in gewohnten Bahnen. Überraschungen? Neue Denkmuster anlegen? Fehlanzeige. Hin und wieder mal den Job und vielleicht sogar die Branche zu wechseln, ist vor diesem Hintergrund super fürs Gehirn.

Als ich angefangen habe, mich beruflich mit geschlossenen Fonds zu beschäftigen, habe ich in den ersten drei Monaten gedacht, ich müsste sterben. Mein Gott, war das alles kompliziert. Aber wie man feststellen kann, bin ich nicht gestorben und dieser Wechsel hat mich in meiner geistigen Flexibilität enorm nach vorn gebracht. Ich habe inzwischen die größenwahnsinnige Vorstellung, dass ich mich in alles reinfuchsen kann. Ist bloß eine Frage der Zeit. Klar, ich habe ja auch schon mal die Erfahrung gemacht, dass es geht. Schade übrigens, dass ich das nicht schon in der Schule gelernt habe. Man stelle sich das vor: Schüler lernen schon in der Schule, dass sie in der Lage sind, sich alles an Wissen anzueignen, was sie nur wollen. Und dass sie dadurch alles tun können, was sie nur wollen. Jeder kann alles sein. Ist nur eine Frage des Hineinfuchsens. Das würde aber auch bedeuten, dass Lehrer diese Erfahrung selbst gemacht haben müssten und Veränderungen offen gegenüberstehen. Glücklicherweise gibt es inzwischen viele Lehrer, die Quereinsteiger sind und diese Erfahrungen durchaus vermitteln können. Mir gefällt diese Entwicklung ungemein gut.

Wer schon mehr als fünf Jahre in seinem Job ist und seit mehr als zwei Jahren so richtig unzufrieden, der ist auf der Konsistenzskala garantiert im Minus. Vermutlich dümpelt dieser Mensch so rund um minus 5 bis minus 7, bezogen auf seinen Job ... Das ist schlecht, denn die Wahrscheinlichkeit, eine psychosomatische Erkrankung zu entwickeln, ist auf diesem Unzufriedenheitsniveau extrem hoch. Die gute Nachricht: Wer es schafft, seine Angst und seine Bequemlichkeit zu überwinden, der macht sein Gehirn glücklich. Das limbische System erst mal nicht und das ist das Fatale. Das limbische System findet die Unsicherheit, die mit einem Jobwechsel zusammenhängt, ja erst mal unglaublich doof. Außerdem ist ein Jobwechsel energetisch aufwendig. Auch nicht der Lieblingszustand des Gehirns an sich ... Aber wer es schafft, diesen Teil zu überwinden, der macht das limbische System auf Dauer glücklicher als vorher. Der präfrontale Kortex kann begeistert neue Bahnen knüpfen und irgendwann, relativ schnell, zieht auch das limbische System wieder nach. Jeder weiß, wie toll es ist, neue Leute kennenzulernen und unter diesen welche zu entdecken, die man mag. Allerdings ist der erste Schritt, neue Leute kennenzulernen, immer mit mehr oder weniger Unbehagen verbunden. Und jeder weiß auch, wie toll es ist, in einer neuen Umgebung seine Fähigkeiten unter Beweis zu stellen und dafür Anerkennung zu erhalten, die man in der alten Umgebung schon lange nicht mehr bekommen hat. Zack! ist auch das limbische System an Bord.

Ja, ein Wechsel ist immer mit einem Risiko verbunden. Und diese blöden Sprüche wie »Im schlimmsten Fall wird's eine Erfahrung« sind zwar wahr, aber wenig hilfreich. Wenn man erst mal heulend zu Hause auf der Couch hockt, weil man die Probezeit nicht überstanden hat, gerade Finanzkrise ist und es mit einem neuen Job nicht so gut aussieht, dann ist das mit den neuen Erfahrungen nicht das beste Argument. Hätte mir das damals jemand so erzählt, als ich schnoddernd und verzweifelt im Wohnzimmer kauerte, hätte ich ihm die Freundschaft gekündigt. Zumindest hätte es ein sehr zickiges »Hau mir ab mit dem Scheiß« gegeben. Natürlich stimmte es im Nachhinein betrachtet für mich. Im ersten Moment kann sich aber niemand etwas davon kaufen. Auch Coaches, Trainer und Glücksgurus nicht.

Die grundsätzliche Frage ist immer: Wie schrecklich ist der Job tatsächlich? Um diese Frage zu beantworten, hilft die Konsistenzskala ungemein. Einfach mal aufschreiben, was im Bereich zwischen 0 und plus 10 liegt und was im Bereich zwischen 0 und minus 10. Am besten mit der genauen Platzierung. Also plus 3 und minus 5 und so weiter. Das erfordert schon ein wenig Arbeit und Hirnschmalz. Ich empfehle beispielsweise auch, die Kollegen nicht über einen Kamm zu scheren, sondern jedem Kollegen einen Wert zuzuordnen. Wer fertig ist, rechnet alle Werte zusammen. Und? Im Minus- oder Plusbereich?

Bevor du nun aber loslegst: Mach dir bitte vorher einmal klar, ob du eher ein Smiley oder ein Mauli bist. Smileys werden immer eher im positiven Bereich landen und Maulis eher im negativen. Dabei können Maulis eher negative Werte ertragen als Smileys.

Eine ehemalige Mitarbeiterin von mir war ein ausgesprochener Mauli. Ich kam nach ihr ins Unternehmen und wurde ihre Vorgesetzte. An ihrer Stelle wäre ich zu diesem Zeitpunkt auch not amused gewesen, denn sie war wesentlich besser ausgebildet als ich und hatte auch mehr Erfahrungen in der Branche. Insgesamt haben wir uns – aus meiner Sicht – aber dann doch ganz gut vertragen, obwohl nicht nur Ausbildung und Erfahrung bei uns extrem unterschiedlich waren, sondern auch unsere Einstellung zu den Dingen. Es verging kein Tag, an dem sie sich nicht über irgendetwas beschwerte. Den Standort, die schlechte Kantine (wobei sie da wirklich Recht hatte), die Chefs, die Herangehensweise, die Produkte und sicherlich auch über mich, aber das eben nicht bei mir. Das war übrigens der Job, in dem ich die Probezeit nicht überstanden habe. Als ich dann nach einem knappen halben Jahr schon wieder meine Abschiedsrunde drehte, fragte ich sie, ob ich sie weiterempfehlen sollte, wenn ich etwas für sie hörte. Sie sah mich mit großen Augen an und sagte »Nein. Wieso?« Da war ich im ersten Moment tatsächlich einmal sprachlos. Was bei mir äußerst selten vorkommt. Das konnte doch nicht sein. Ein halbes Jahr lang hat sie mir fast rund um die Uhr die Ohren vollgenörgelt und dann konnte sie nicht verstehen, warum ich glaubte, dass sie sich neu orientieren wolle …

Natürlich gibt es mindestens zwei Erklärungen: einmal die erlernte Hilflosigkeit und einmal eine ausgesprochene Maulidisposition. Maulis geht es gut, wenn sie rummaulen. Maulen ist ihr Ventil. Für sie selbst eine gute Sache, denn im Prinzip leiden sie nicht wirklich. Sie holen sich die Aufmerksamkeit über das Rummaulen und so stellen sie ihr Gleichgewicht wieder her. Wer meckert, erhält häufig Zustimmung, welche mit Anerkennung gleichzusetzen ist. Die Meckermeinung wird anerkannt. Und wenn wir mal ehrlich sind, dann kennt das jeder. Wenn wir uns über irgendein Kinkerlitzchen aufregen und in den Meckermodus schalten, dann stimmt ganz schnell irgendjemand ein. Das fördert übrigens auch den Gruppenzusammenhalt. Ein gemeinsamer Feind ist im Prinzip genauso gut wie ein gemeinsames Ziel. Und wenn es nur der tägliche Kantinenfraß ist. Gemeinsamkeiten schweißen zusammen.

Ich habe eine ganze Weile gebraucht, um diesen Zusammenhang zu verstehen. Nicht jeder, der mault, ist wirklich unglücklich. Damit ist die Konsistenzskala mit Vorsicht zu genießen. Auch die Tagesverfassung spielt eine Rolle.

Was allerdings sehr bemerkenswert ist: Im Grunde wissen wir ganz genau, wo es hakt. Konsistenzskala hin oder her. Wer einmal in sich hineinhorcht, ohne gleich in den Rechtfertigungsmodus zu fallen, der merkt sehr schnell, wo es eigentlich langgeht.

Veränderung ist übrigens nicht nur für den Angestellten gut. Auch für das Unternehmen. Es gibt mittlerweile tatsächlich Unternehmen, die alle fünf Jahre zumindest einen Teil ihrer Mannschaft austauschen, um neue Ideen und neuen Schwung in den Laden zu bringen. Dort hat man sehr genau gerechnet, was für das Unternehmen wirtschaftlicher ist: Mannschaftswechsel oder Erhalt. Wenn ich mir manche Unternehmen so von außen anschaue, dann halte ich das manchmal für eine gute Idee. Festgefahrene Strukturen und Erhaltung des Status quo sind Probleme, die mit einem radikalen Mannschaftswechsel gut in den Griff zu kriegen wären. Man schaue sich doch nur die großen politischen Parteien an. Wer wünscht sich da nicht alle fünf Jahre einen radikalen Mannschaftswechsel? Witzig wäre ja auch, wenn die Politiker ins andere Lager wechseln müssten. Was dann wohl passieren würde? Vielleicht würde dann ja tatsächlich mal innovative Politik gemacht. An diesem Beispiel sieht man dann auch ganz gut, wo es bei den Firmen, die einen regelmäßigen Mannschaftswechsel vornehmen, haken könnte: Wenn die Führungsmannschaft nicht mit ausgetauscht wird, dann bringt der Wechsel vielleicht nicht ganz so viel. Hier sollte die Devise lauten: Ganz oder gar nicht.

Selbstverwirklichung – Vom Irren und Glauben ...   [35]

»Feierabend, das Wort macht jeden munter
Feierabend, das geht wie Honig runter
Feierabend, und alle haben jetzt frei, frei, frei«
Peter Alexander, Sänger und Entertainer, aus *Feierabend*

Wenn wir mal ganz ehrlich sind, der Spruch »Du musst nur eine Arbeit finden, die du liebst, und du musst keinen Tag mehr arbeiten« ist Schwachsinn. Auch wenn Buddha, Laotse oder Jesus diese Worte gesprochen haben sollen, von mir aus auch der Dalai Lama. Das ändert nichts daran, dass er nichts mit der modernen Arbeitsrealität zu tun hat. Im Prinzip ist er vergleichbar mit dem Satz »Du musst nur jemanden finden, den du liebst und der dich liebt, und du wirst nie wieder unglücklich sein«. Bei dem Satz merken wir sofort: Moment mal, da stimmt doch was nicht. Aber der Satz mit der Arbeit, dem gehen wir ganz gepflegt auf den Leim.

Natürlich gibt es Zufriedenheit bei der Arbeit und es gibt Arbeit, die zufrieden macht. Die uns eine Richtung gibt und wenn sie dann noch mit unseren Werten übereinstimmt, dann ist das nicht nur die halbe Miete, sondern viel mehr.

Das Problem mit der Zufriedenheit ist, dass wir im Grunde genommen alle nur für Anerkennung arbeiten. Zugehörigkeit ist in der Regel durch Familie, Arbeit, Freundeskreis und vielleicht noch Freizeitaktivitäten gegeben. Was aber nicht immer in vollem Maße vorhanden ist, ist Anerkennung. Das ist unsere Haupttriebfeder. Sorry, aber selbst die großen Altruisten dieser Welt machen, was sie machen, für Anerkennung. Und wenn wir der Sache mal auf den Grund gehen, dann erhalten wir paradoxerweise die meiste Anerkennung, je altruistischer wir handeln …

Auf der anderen Seite: Anerkennung kann ein Mensch auch außerhalb der Arbeit erfahren. Je nachdem, in welchem Unternehmen ich arbeite und welchen Chef ich habe, ist es mit der Anerkennung ohnehin nicht so weit her. Da geht es dann doch wieder mehr in Richtung Zugehörigkeit. Wenn ich meine Arbeit nicht ändern kann, bietet sich immer die Option, das persönliche Anerkennungskonto in der Freizeit aufzufüllen. Im Sportverein, in Vereinen oder Organisationen jedweder Art oder beim Marathonlauf. Mein Stiefmütterchen ist seit über zwanzig Jahren Hausfrau. Mit sechzig Jahren ist sie dann den Ötztaler Radmarathon gefahren. Zweihundertachtundreißig Kilometer und fünftausendfünfhundert Höhenmeter gilt es mit dem Rad zu überwinden. Wenn man bedenkt, dass sie erst sehr spät, mit vierzig Jahren, richtig Rad fahren gelernt hat, ist das schon eine Wahnsinnsleistung. Und Anerkennung gab es dafür natürlich jede Menge. Außerdem ist sie im Bekanntenkreis berühmt für ihren preisgekrönten Garten und ihre legendären Dinnerparties.

Für alle, die sich im Beruf selbst verwirklichen möchten, habe ich eine wichtige Botschaft: Manchmal ist es sogar besser, das Hobby nicht zum Beruf zu machen, sondern es einfach Hobby sein zu lassen. Beispielsweise bin ich leidenschaftliche Reiterin. Eine Zeit lang habe ich Reitunterricht gegeben und mir mit meiner liebsten Beschäftigung sogar einen Teil des Lebensunterhaltes verdient. Glücklich gemacht hat mich das Ausleben meiner Leidenschaft als Beruf aber nicht. Im Gegenteil. Ich habe mit der Zeit den Spaß an meinem Hobby verloren. Eigentlich war die Idee, Schritt für Schritt den Reitunterricht auszubauen, um irgendwann komplett davon zu leben. Das war aber überhaupt nichts für mich. Ich liebe Pferde und Reiten. Ich liebe es aber nicht, anschauen zu müssen, wie manche Menschen mit Pferden umgehen – wissentlich oder unwissentlich. Das gehört aber beim Reitunterricht dazu. Und was eine Mission hätte sein können, wurde für mich eine Qual. Also habe ich mein Hobby wieder zum Hobby gemacht und damit wieder einen wunderbaren Ausgleich zu meinem beruflichen Engagement geschaffen. Eine Leidenschaft neben dem Beruf zu haben und diese zu pflegen, kann eine tolle Ergänzung sein, wenn es beruflich gerade mal nicht so rosig läuft.

Ein anderes Beispiel ist ein ehemaliger Kollege, der seinen Job als Job sieht. Nicht mehr und nicht weniger. Er ist sogar ausgesprochen gut darin und einer der Leistungsträger in seinem Unternehmen. Er sagt ganz klar: »Ich hole mir meine Anerkennung nach Feierabend.« Er engagiert sich beispielsweise in verschiedenen Ehrenämtern, die seine persönliche Sinnsuche komplett abdecken. Die Arbeit ist für ihn Mittel zum Zweck und ermöglicht ihm dieses Leben. Ihm ist das vollkommen bewusst und deshalb hadert er auch nicht mit seinem Job. Ein Modell, welches ich lange Zeit nicht verstanden habe. Ich wollte mir einfach nicht vorstellen, dass das funktioniert, weil es für mich nicht funktioniert hat. Viele Trainer, Coaches, Karriere- und auch Jobberater beim Arbeitsamt propagieren aber das Gegenteil. Der Job muss auch der Hort der Sinnsuche und -findung sein. Nein, er muss es nicht. Zumindest nicht bei jedem!

Finde heraus, welches Modell für dich am besten ist: Job mit Sinnerfüllung und Leidenschaft oder Job als Job. Bist du der Typ, der sich Sinn, Anerkennung und Wertschätzung in der Freizeit holt und so zufrieden einfach seinen Job machen kann? Oder bist du der Typ, der den Zuspruch im Job braucht? Außerhalb seines Hobby- und Freizeitkreises? Es gibt hier keine richtige oder falsche Antwort. Richtig ist das, was dich auf lange Sicht zufrieden macht.

[36] Auszeit – Schluss mit lustig!

»Ich tue mir die härtesten und schlimmsten Opern an,
und das ist manchmal schon verdammt nah an der Folter dran!
Ich bin abonniert und kein Kulturbanause!
Kein Henze und kein Stockhausen,
Der mich noch wirklich schrecken kann.
Ich bin so voller Zuversicht, ich weiß ja, ha ha, irgendwann
hat auch die längste Oper eine Pause.«

Reinhard Mey, Liedermacher, aus *Pause*

Noch ein Appell an die manischen Freizeitoptimierer: Bitte nicht in der Freizeit auch noch immer auf dem höchsten Level unterwegs sein! Es macht unglaublich viel Sinn, außerhalb der Arbeitszeit mal rein gar nichts zu tun. In meinen Seminaren stelle ich hin und wieder mal die Aufgabe, einfach mal nichts zu tun. Die Reaktionen darauf sind erstaunlich. Die wenigsten wissen tatsächlich, wie das geht. Da kommen dann so Fragen wie: Zählt Fernsehen? Zählt Lesen? Wenn sie dann ein »Nein« bekommen, sind viele schon ratlos. »Darf ich meditieren? Oder zählt das auch nicht?«

Zwei Dinge fallen mir bei dieser Übung immer wieder auf. Erstens: Die Teilnehmer haben keinen blassen Schimmer, wie Nichtstun geht, und zweitens ist es immer ungemein wichtig, es auch richtig und damit möglichst erfolgreich zu machen.

Eigentlich ist es lustig, denn wirklich erfolgreiches Nichtstun hat mit Erfolg so wenig zu tun wie eine Krabbe mit Bungee-Jumping. Nämlich gar nichts. Als Kinder konnten wir das in der Regel noch wunderbar, allerdings wird es auch für die Kinder zunehmend schwieriger, nichts zu tun und ihrem Gehirn einfach mal eine Pause zu gönnen. Moderne Medien verhindern das. Nichtstun, ohne Smartphone, Musik, Hörbuch, Computerspiele oder Fernseher. Ohne Zerstreuung von außen. Unser Gehirn braucht Pausen, um leistungsfähig zu bleiben. Wer permanent irgendwelchen Kram macht und möglichst noch gleichzeitig, verblödet übrigens tatsächlich. Versuche am Londoner King's College haben gezeigt, dass Multitasker, die gleichzeitig eine Aufgabe lösen und dabei E-Mails lesen sollten, bis zu 10 Prozent schlechter waren als Probanden, die während der Aufgabe kiffen durften (Ophir/Nass/Wagner 2009).

Eine der effektivsten Foltermethoden ist es, das Opfer nicht schlafen zu lassen. Eine extreme Form des Pausenentzugs. Erstaunlicherweise ist diese Tatsache den meisten Menschen bewusst und trotzdem sind sie nicht in der Lage, ihre Handys einfach mal wegzulegen. Und selbst die, die ihr Handy weglegen, beschäftigen sich dann intensiv mit anderen Dingen.

Müßiggang und Nichtstun haben einen so geringen Stellenwert in unserer Gesellschaft, dass wir auf die Frage »Und was machst du am Wochenende?« extrem ungern mit »nichts« antworten. Anstatt uns eine echte Auszeit zu nehmen, treten wir mit Kollegen und Freunden bei der Wer-ist-der-beschäftigste-Mensch-unter-der-Sonne-Olympiade an, die erst mit dem Tatort am Sonntagabend ihren Zieleinlauf findet. Aber dann wird eben keine Pause gemacht, sondern Tatort geguckt, damit wir am Montag, bei der Kotz-, Brech- und Würgrunde an der firmeninternen Kaffeemaschine auch mitreden können. Man kann ja schließlich nicht die ganze Zeit über den Job meckern ... Wochenendstress macht sich aber eben auch ganz prima in diesem Szenario. Da wird dann fleißig um die Wette gestöhnt, wer wieder was alles am Wochenende erledigen musste. Garniert wird das Ganze mit einem Hauch Angeberei, wo man doch überall wieder eingeladen war, welchen Marathon man gelaufen ist, welchen Wettbewerb man bestritten hat und wie viele Stunden man wieder seinen Vorgarten optimiert hat. Und die ungekrönten Helden haben natürlich ein Buch über Persönlichkeitsentwicklung gelesen, waren beim Yoga und haben ihre Meditationskenntnisse bei einem Achtsamkeitsworkshop verbessert.

Ja, ich weiß, das klingt böse. Ist es auch. Freizeit soll die Batterien aufladen! Sie nicht noch mehr auslaugen. Wer seine Batterien in der Freizeit noch mehr strapaziert, der wird nicht zufriedener, der wird unzufriedener. Klar ist es nicht einfach, zu unterscheiden, welche Freizeitaktivitäten uns zufriedener machen und wo der Freizeitstress beginnt. Am Beispiel des optimierten Vorgartens ganz schön zu erklären. Gartenarbeit kann unglaublich meditativ sein. Super! Wenn sie aber nur gehetzt zwischen vier weitere Termine am Wochenende gequetscht wird: Nicht so super! Weniger ist mehr! Ich gebe zu, ich starte auch immer wieder neue Hobbys und Hobbyableger, nur um nach ein paar Monaten wieder festzustellen: »Mist, ist doch zu viel.« Dann höre ich damit wieder auf oder lasse etwas anderes weg und zack! tritt wieder mehr Müßiggang und Langeweile ein. Damit geht es mir dann eine Weile gut, bis ich wieder denke: »Mensch, mit der Zeit könntest du doch was Besseres anfangen.« Und das Spielchen geht von vorne los.

Was mich aktuell sehr amüsiert, ist der Meditationstrend. Keine Frage, Meditation ist eine tolle Sache, aber für alle, die sich regelmäßig langweilen, ohne Ziel einfach mal aus dem Fenster schauen oder einfach nur ein Mittagsschläfchen halten, total überflüssig. Ja, ich weiß, Studien haben gezeigt, dass ... Ich habe überhaupt nichts gegen Meditation, aber nur, wenn sie nicht konsumiert wird und wenn sie nicht als Mittel zum Zweck benutzt wird, schneller noch leistungsfähiger oder wieder leistungsfähig zu sein. Wer morgens vor seinem ersten Kaffee meditiert, der weiß nicht, was es heißt, in Ruhe die morgendliche Tasse Kaffee zu genießen. Einfach blöd in den Kaffee zu starren, hin und wieder mal aus dem Fenster zu schauen und die Mediendauerbeschallung noch eine Weile sein zu lassen. Eben ohne schon die ersten E-Mails zu checken oder auf Facebook und Snapchat nachzuschauen, was denn so los ist in der Welt. Nur Kaffee trinken. Mehr nicht. Das ist genauso meditativ, wie ein morgendliches Om zu singen. Warum schaffen wir das nicht mehr? Ist doch verrückt.

Dazu gibt es eine schöne Geschichte, die in den unterschiedlichsten Formen im Internet kursiert. Ob es eine Zen- oder eine Suffi-Geschichte ist, ist dabei nach meiner Auffassung völlig unerheblich. Interessant ist, dass sie angeblich schon sehr alt ist und mit ihrem Inhalt dann wohl kein neues Problem beschreibt ...

In einem Dorf in Asien lebte einst ein glücklicher Mann. Er schien besonders weise zu sein, denn er war tatsächlich sehr ruhig und zufrieden, obwohl sein Hof nicht besonders groß war. Auch er hatte viel Arbeit und auch für ihn waren die Winter hart und die Sommer heiß und trocken. Trotzdem hatte er kaum Sorgenfalten und immer ein Lächeln auf den Lippen.

Eines Tages fasste sich ein junger Mann im Dorf ein Herz und fragt den zufriedenen Mann, warum er trotz seiner harten Arbeit und seiner langen Arbeitstage immer so glücklich sein könne und nie Stress habe. Der Mann erwiderte:

Wenn ich stehe, dann stehe ich.
Wenn ich gehe, dann gehe ich.
Wenn ich sitze, dann sitze ich.
Wenn ich esse, dann esse ich.
Wenn ich liebe, dann liebe ich ...

Da fiel ihm der junge Fragesteller ins Wort und sagte:
»Das kann doch nicht alles sein. Das tue ich schließlich auch. Es muss noch ein Geheimnis geben. Verrate es mir.«

Der Mann schaute den jungen Mann an, überlegte kurz und sagte:

»Wenn ich stehe, dann stehe ich.
Wenn ich gehe, dann gehe ich.
Wenn ich ...«

Jetzt wurde der junge Mann ungeduldig und fiel dem anderen ins Wort:
»Aber das tue ich doch auch!«

»Nein.
Wenn du sitzt, dann stehst du schon.
Wenn du stehst, dann gehst du schon.
Wenn du gehst, dann bist du schon am Ziel.
Und wenn du am Ziel bist, gehst du schon wieder.«

Ich mag mich irren, aber ich glaube nicht, dass dieser Mann zwingend meditieren musste, um wieder bei sich anzukommen. Wer bei sich bleibt, Pausen und gepflegte Langeweile zulässt, der muss nicht bewusst meditieren. Meditation passiert dann ganz automatisch. Jeder, der schon mal am Meer gesessen und den Wellen gelauscht hat oder die Stille eines Alpenpanoramas bestaunt hat, weiß eigentlich, wie es geht.

Pausen füllen deine Energiespeicher auf. Sowohl bei der Arbeit als auch in der Freizeit. Gegen Montagsübelkeit hilft eine echte Mittagspause mit fröhlichen Gesprächen unter Kollegen. Hastiges Essen am Rechner ist kontraproduktiv. Hilfreich sind Auszeiten am Wochenende. Sich einfach mal treiben lassen und sich gepflegt langweilen. Wer ausgeruht und nicht gehetzt ist, dem wird einfach nicht so schnell schlecht.

Ursachenforschung – Warum arbeitest du eigentlich?

Ich bin doch keine Maschine!
Ich bin ein Mensch aus Fleisch und Blut
Und ich will leben, bis zum letzten Atemzug.

Tim Bendzko, deutsche Singer/Songwriter, aus *Ich bin doch keine Maschine*

Warum arbeitest du eigentlich? Was ist deine Antwort darauf? Lebst du, um zu arbeiten? Oder arbeitest du, um zu leben?

Viele Menschen rasten bei der These, sie lebten nur, um zu arbeiten, förmlich aus. Ich bin doch keine Arbeitsmaschine. Schließlich will ich ja was vom Leben haben. Und es gibt die andere Fraktion – viele Motivationsgurus und -trainer ordnen sich auch hier ein – die ihre Arbeit liebt und sie nicht als Arbeit im negativen Sinn empfindet.

Angeblich. Denn grundsätzlich empfinde ich meine Arbeit auch nicht als Arbeit. Mir macht der überwiegende Teil meiner Arbeit Spaß. Und zwar so viel, dass ich ihn auch ohne Bezahlung machen würde. Glück gehabt, würde ich sagen. Selbstverständlich ist das nicht. Und es heißt auch nicht, dass es keine Hochs und Tiefs gibt. Im Gegenteil, seit ich mich als Trainer, Speaker, Coach und Autorin selbstständig gemacht habe, sind die Hochs und Tiefs in meinem Leben wesentlich extremer geworden. Aber, und das ist wichtig, grundsätzlich gefällt mir das.

Viele Aspekte meines Jobs empfinde ich tatsächlich nicht als Arbeit, wie zum Beispiel das Schreiben. Insofern stimmt für mich der Spruch mit dem »Tue, was du liebst ...« Das ist in Teilen aber bei jedem Job der Fall. Ich mochte auch immer einige Aspekte meiner Arbeit während meiner Angestelltenzeit. Egal, ob in der Werbung oder der Finanzdienstleistung. Ich bin tatsächlich sogar gerne eine kurze Zeit zur Schule gegangen. Ich konnte der Zeit in der Schule etwas abgewinnen, obwohl mich das meiste, was wir in der Schule lernen sollten, überhaupt nicht interessierte. Es gab nur hin und wieder Themen, die ich spannend fand. Aber eine tolle Sache für mich war, dass meine Freunde dort waren.

Wer trotzdem bei der These »Ich lebe, um zu arbeiten« noch aus dem Fenster springt, der frage sich bitte kurz, warum Arbeitslosigkeit nachweislich krank macht. Verschiedenste Studien zeigen diesen Sachverhalt. Erstmals nachgewiesen 1933 in der sogenannten Marienthal Studie. Offensichtlich kein neues Phänomen (Bosancic/Bühler 2007).

Wer den Abschnitt »Was Arbeit kann« gelesen hat, den erstaunt das Ergebnis keinesfalls. Trotzdem sträuben sich einem schon innerlich ein wenig die Nackenhaare, wenn man zugeben muss, dass man auch lebt, um zu arbeiten. Und das obgleich man eben nicht gerade Papst, Friedensnobelpreisträger, Arzt ohne Grenzen oder Captain Watson ist.

Normal ist der normale Arbeitnehmer in einem normalen Job. Beamter, Bankkaufmann, Anwalt, Architekt, Müllmann oder Hotelfachmann. Führungskraft im mittleren Management oder Fachkraft. Geschäftsführer oder im gehobenen Management. In einem Pharmakonzern, einem IT-Unternehmen oder im öffentlich Dienst. Vielleicht auch in der Werbung oder in der Finanzdienstleistung und allen anderen Branchen, die ich gerade nicht genannt habe. Wir alle retten nicht die Welt. Dabei würden wir es doch so gerne ... Dabei übersehen wir, desensibilisiert von Medien, Motivationsgurus und Werbeindustrie, dass wir dazu beitragen, dass unsere Welt läuft.

Ja ja, die Geschichte von jedem wichtigen kleinen Schräubchen ist alles andere als heroisch, aber mal darüber nachgedacht, was die Rolling Stones täten, wenn keiner ihre Musik hören und keiner beim Konzert mit ihnen abfeiern würde? Wären wir alle wie die Stones, dann wäre der, der klatscht, der Star. Wir glauben immer, dass das Besondere auch selten sein muss. Warum? Weil wir glauben, dass Besonderheit am meisten Anerkennung gibt, und die wollen wir ja nun mal haben.

Aber hier lauert ein Trugschluss. Wer viel Anerkennung erfährt, für den ist viel Anerkennung nach kurzer Zeit normal. Wir erinnern uns an das Shifting-Baseline-Phänomen. Fast alle, die eine Weile im Rampenlicht stehen, erzählen, dass nur die Anerkennung von Freunden, Familien oder geschätzten Personen für sie zählt. Der Otto Normalverbraucher – also wir – tut das mit Fishing for Compliments mittels Bescheidenheit ab. Aber so ist es nicht. Es stimmt.

Ich arbeite, um zu leben. Ich lebe, um zu arbeiten. Wenn wir ganz ehrlich sind: Es ist immer beides. Wir vergessen das nur immer wieder. Und wenn wir uns daran erinnern, dann kommen wir montags auch wieder besser aus dem Bett.

Eigenverantwortung – Nichts für Feiglinge [38]

This is for the ones who stood their ground
It's for Tommy and Gina who never backed down
Tomorrow's getting harder, make no mistake
Luck ain't enough
You've got to make your own breaks

Bon Jovi, US-amerikanische Rockband, aus It's my life!

Wer immer noch der Meinung ist, er arbeite, um zu leben und um sich etwas leisten zu können: Dagegen ist überhaupt nichts einzuwenden. Wer ein aufwendiges Hobby hat, zum Beispiel Motocross oder Kitesurfen, der braucht schlicht und ergreifend ein bestimmtes Einkommen, um sich seinen Freizeitspaß erlauben zu können. Nicht jeder Mensch muss total beseelt von seiner Arbeit sein. Beruf kommt nicht zwingend von Berufung. Auch das ist im Grunde nur ein schicker Werbeslogan aus lutherischen Zeiten. Allerdings bedeutet es nicht, dass man wenn die Berufung sich nicht im Job einstellt, auch gleichzeitig die Verantwortung für sich selbst und das eigene Leben ablegen kann. Egal, wie unser Job ist, egal, welcher

Druck von außen auf uns lastet, wir sind immer an erster Stelle, wenn es um die Verantwortung für uns geht. Auch wenn so manche Entscheidung sich blöd anfühlt, wer bitte schön soll sie denn treffen, wenn nicht wir selbst? Es gilt das Motto: »Mach's dir selbst, sonst macht's dir keiner.«

Zufriedenheit ist immer eine Frage der Einstellung. Auch im Job. Und auch eine Frage dessen, wie viel man selbst dafür tut. Wer darauf hofft, dass sich von außen etwas ändert, der kann in der Regel lange warten. Das ist in Beziehungen, in Freundschaften, im Job und im ganzen Leben so. Schicksalsschläge ausgenommen. Wer zu Hause hocken bleibt und sich beschwert, dass in seinem Leben nichts passiert, den nimmt doch auch niemand ernst. Warum werden dann die Typen für voll genommen, die uns immer wieder erzählen, dass Montag ein Scheißtag ist und am Mittwoch leider erst die Hälfte rum ist?

Wir Menschen sind doch extrem komische Kreaturen. Wenn meine Hunde raus wollen, dann fallen sie mir so lange auf den Wecker, bis ich mich aufraffe und mit ihnen rausgehe. Tatsächlich steht mir die Hündin schon seit einer Stunde auf den Füßen, während ich das hier schreibe. Sie steht alle zehn Minuten auf, schielt an meinem Laptop vorbei und erinnert mich daran, dass es doch langsam mal Zeit wäre, eine Runde ums Feld zu drehen. Klar schicke ich sie immer wieder weg. Aber der Köter ist hartnäckig. Die meisten Menschen sind anders. Die werden vom Chef oder vielleicht sogar vom Leben selbst einmal weggeschickt und kommen nie wieder. Wären das Hunde, würde nie jemand mit ihnen spazieren gehen. Sie würden irgendwo in die Ecke kacken und wären den Rest ihres Lebens unglücklich. Menschen machen das so. Sie kacken im übertragenen Sinne in irgendeine Ecke und sind ihr Leben lang unglücklich ...

Natürlich ist es Chefsache, zu reagieren, aber wenn Chefs bei jeder Anfrage springen würden, dann würden sie verrückt werden. Und wir sind eben keine Hunde. Wir können unser Glück selbst in die Hand nehmen. Aber wenn wir mal ganz ehrlich sind, wollen wir das eigentlich gar nicht. Wir würden so gern gerettet werden. Selbst Männer wollen wie Aschenputtel aus ihrem elenden Arbeitsleben befreit werden. Irgendein Chefprinz muss doch mal entdecken, dass eine Arbeitsprinzessin in ihnen steckt, und sie zu Höherem berufen … Ja, das ist gemein, aber so sieht die Realität einfach in 99 Prozent der Firmen aus. Wir erinnern uns: Lustgewinn und Unlustvermeidung … Für unser Hirn ist Träumen und Quengeln die bequemste Alternative. Und wir spielen mit. Wer damit nicht wirklich todunglücklich ist und eigentlich ganz zufrieden: super. Alles lassen, wie es ist, und einfach etwas weniger jammern: Dann wird's noch besser.

Wer aber für sich klar hat, dass es wirklich alles so doof ist, wie er denkt, der muss ins **Tun** kommen. Jammern hilft nicht. Und in solch einer Situation hat auch das positivste Denken Grenzen. Der erste Schritt ist für mich immer, etwas im Unternehmen zu bewegen. Was mich beispielsweise erstaunt, ist, wie wenig Mitarbeiter wissen, was im eigenen Unternehmen alles möglich ist. Damit ist der erste Schritt immer erst einmal, rauszukriegen, was alles geht. Wo kann ich mich einbringen? Gibt es Ideenprogramme? Was ist mit Fortbildung? Kann ich innerhalb meines Unternehmens wechseln? Was geht sonst noch? Na ja, und wenn innerhalb der eigenen Firma nichts mehr geht, dann ist es eben einfach eine gute Idee, von dem toten Pferd abzusteigen und sich ein neues zu suchen.

[39] Beziehungsstatus – Es ist kompliziert ...

So many times it happens too fast
You change your passion for glory
Don't lose your grip on the dreams of the past
You must fight just to keep them alive

Survivor, US-amerikanische Rockband, aus The eye of the tiger

Im Grunde ist es ganz einfach: Es ist immer ein Geben und ein Nehmen. Das Problem ist nur, dass wir häufig denken, dass unsere Anwesenheit und Dienst nach Vorschrift doch schon genug der guten Gaben von unserer Seite sind. Das ist ein Trugschluss. Du bekommst immer genauso viel raus, wie du reingibst. Wer also Dienst nach Vorschrift reingibt, bekommt ein normales Gehalt und entsprechende Anerkennung raus. Was natürlich nicht wirklich zufrieden macht.

Erschwerend kommen noch die gerade so hippen Parolen rund um die Zeit gegen Geldtauscherei dazu, denn grundsätzlich gilt immer: Wir tauschen Zeit gegen Geld! Da ändert auch der gute Tim Ferris mit seiner Vier-Stunden-Woche nichts dran. Der Unterschied ist nur, dass die Menschen, die sich ihr Vermögen selbst erarbeitet haben, am Anfang wesentlich – und ich meine wirklich wesentlich – mehr Zeit investiert haben. Und Arbeitsmodelle und -möglichkeiten wie die Vier-Stunden-Woche sind in der Umsetzung die Ausnahme! Jede Krankenschwester, jeder niedergelassene Arzt, jede Reinigungskraft und jeder Schornsteinfeger werden das bestätigen können. Es spricht nichts dagegen, sich ein zusätzliches passives Einkommen aufzubauen, aber denk bitte nicht, dass du so etwas nur einmal tun musst und du dann nie mehr arbeiten musst. Dazu ändern sich einfach die Märkte zu schnell.

Ein ehemaliger Arbeitskollege hat diese Erfahrung selbst gemacht. Er war Amazonhändler. Zuerst hat er die Nische der englischsprachigen DVDs besetzt. Es gab wohl tatsächlich eine große Fangemeinde, die Serien immer direkt nach Erscheinen und dann noch im Original schauen wollte. Also hat sich mein Kollege einen erfolgreichen Saleskanal genau für diese Nische aufgebaut. Seit Amazon Prime, Netflix, Showtime und Premiere Serien und Filme auch sofort im Original streamen, hat sich sein Geschäftsmodell erledigt und das wenige Arbeiten damit auch. Er hat sich dann eine andere Nische gesucht: Supplements für Fitnesssportler. Auch wieder als Amazon-Partner. Das funktionierte auch eine Zeit lang wieder sehr gut mit wenig Aufwand, bis Amazon mal wieder die Verkaufszahlen seiner Händler gecheckt hat. Was übrigens regelmäßig der Fall ist. Wenn Amazon feststellt, dass sich eine Nische lohnt, geht die Plattform als Anbieter selbst rein. Das war auch in diesem Bereich der Fall.

Ergo: Es gibt wenige Geschäftsmodelle, die ewig funktionieren, und es gibt noch weniger Konstellationen, die ganz ohne eigenes Zutun Geld in die Kasse spülen. Das meiste klappt immer nur eine Weile. Allerdings ist der Aufbau von solchen Geschäftsmodellen zeitlich schon aufwendiger als ein Acht-Stunden-Tag und finanziell muss man auch aus der Hose kommen und in Vorleistung gehen. Dann kann man eine Weile die Lorbeeren ernten, bis es wieder Zeit ist, ein neues Modell aufzubauen. Auch dazu muss man erst einmal Lust haben und es ist auch nicht immer alles eitel Freude, Sonnenschein.

Die Konsequenz aus diesen Beispielen ist, dass es egal ist, welchen Job du machst, du musst die Beziehung zu deinem Job pflegen! Die Frage »Welche Beziehung hast du zu deinem Job?« drückt es ganz gut aus. Wir sind sofort gewillt, zu antworten, aber eben nur in dem Sinne, was unser Job für uns tut. Da sind wir extrem ichbezogen. Spricht ja auch erst mal nichts dagegen. Wir leben ja schließlich nicht, um zu arbeiten, oder wie war das noch gleich?

Spielen wir die Beziehungsfrage mal so zum Spaß durch. Als Erstes steht dabei die Betrachtung: Was ist eine Beziehung überhaupt? Häufige Antwort: Geben und Nehmen. So weit, so gut. Wenn einer nur gibt und einer nur nimmt, dann passt das natürlich nicht. Eigentlich ist bei einem vertraglichen Arbeitsverhältnis doch alles geregelt. Es ist festgehalten, was der Arbeitgeber gibt und was der Arbeitnehmer. Ist doch auf der Sachebene alles paletti.

Warum funktioniert die Kiste dann trotzdem nicht? Weil wir uns um die Gefühlsebene nicht kümmern. Einige Arbeitgeber meinen – und das sind noch die besseren – mit ein paar Feel-good-Punkten läuft das alles schon. Und der Arbeitnehmer meint, dass bloßes Erscheinen und To-do-Listen-Abarbeiten doch ausreichen. Trotzdem sind beide Seiten unzufrieden. Das ist doch paradox.

In Beziehungen läuft es fast ähnlich ab. Anfangs sind beide Partner noch bemüht, dem anderen zu gefallen, doch langsam schleicht sich der Alltag ein und Frustration macht sich breit. Im Job ist der Chef dann nicht mehr regelmäßig angetan von den gelieferten Ergebnissen und auch die gelieferten Ergebnisse sind nicht mehr so liebevoll erstellt wie am Anfang. Die Kommunikation verändert sich auch. Bei Paaren und auch im Job wird sie weniger. Anstelle von Kommunikation tritt nun das Kopfkino, welches in der Regel keine Filme mit Happy End auf dem Spielplan hat. Verschwörungsfilme stehen regelmäßig auf dem Programm. Auch nicht wirklich hilfreich. Der nächste Akt auf der Reise Richtung »Schrecken ohne Ende« sind Konflikte, die entweder unter den Teppich gekehrt werden oder in wiederkehrenden Reibereien enden. Ohne einen ernsthaften Lösungsversuch, versteht sich. Die Lösung wäre ja, dass der Andere sich endlich ändert.

Klingt nach Beziehung? Klingt nach Job? Dabei ist es gar nicht so schwer, eine erfolgreiche Beziehung zu seinem Job zu haben. Menschen ohne Montagsübelkeit haben eine Beziehung zu ihrem Job und sie pflegen diese. Wie wäre es denn, den eigenen Job einfach mal anzugehen wie eine funktionierende Partnerschaft?

Erste Hilfe – Ganz einfach eine bessere Beziehung [40] zum eigenen Job aufbauen

You can get it if you really want
But you must try, try and try, try and try
You'll succeed at last, mmh, yeah

Jimmy Cliff, US-amerikanischer Popsänger,
aus You can get it if you really want

1. Zutat: Interessiere dich für deinen Job

Was? Natürlich interessiere ich mich für meinen Job. Das ist ja ein ganz dämlicher Tipp. Tatsächlich? Wann hast du dir das letzte Mal die Unternehmensstrategie für das laufende und das kommende Jahr durchgelesen. Wenn du nicht weißt wo das steht, dann kann es mit dem Interesse nicht so weit her sein. Kleiner Tipp: bei großen Unternehmen im Geschäftsbericht und bei kleineren einfach mal beim Chef fragen.

Welche Probleme haben die Kollegen? Und vor allem die, mit denen du nicht in der Kaffeeküche ständig quatschst? Mache dir ein Gesamtbild. Höre zu. Was hat dein Chef gerade auf dem Schirm? Was ist seine größte Sorge? Was beziehungsweise wer könnte deiner Ansicht nach helfen? Wer ist die Topkonkurrenz? Wie wird dort gearbeitet? Was machen die vielleicht anders?

Interesse ist immer der erste Schritt. Wenn es dich nicht interessiert, dann hast du tatsächlich nicht den richtigen Job. Manchmal muss man sich auch selbst ein wenig schubsen, denn mit dem Interesse kommt auch das Interesse. Das ist ähnlich wie beim Essen. Da kommt häufig auch der Appetit erst beim Essen. Einfach mal starten und schauen, was alles in und um dein Unternehmen herum so passiert. Interesse ist etwas, das man pflegen muss. Auch in einer Beziehung zu einem Partner. Wer kein Interesse mehr aufbringen kann, der beendet die Beziehung, bevor sie endet.

2. Zutat: Positive Dinge registrieren und wertschätzen

Wann hast du deinen Chef das letzte Mal gelobt? Ja, auch das meine ich ernst. Chefs sind auch nur Menschen und arbeiten auch für Anerkennung. Chefs in Sandwichpositionen sind eigentlich die größten Helden in Unternehmen. Sie kriegen Druck von oben, Druck von unten und am wenigsten Anerkennung. Eigentlich ist es mit allen Chefs so. Auch in kleinen Unternehmen, wo der Chef noch selbst zum Kunden fährt. Kunden freuen sich vielleicht kurz über das Ergebnis, aber es kommt häufiger vor, dass der Chef sich anhören muss, was alles nicht so gut gelaufen ist. Oft auch mit persönlichen Angriffen verbunden. Von wo soll also das Lob für deinen Chef kommen? Das hat nichts mit Schleimen zu tun, sondern mit Wertschätzung und Respekt. Wertschätzung, Vertrauen und Respekt sind keine Einbahnstraßen, sondern beruhen immer auf Gegenseitigkeit. Je mehr du davon in deinem Unternehmen verteilst, auch an Vorgesetzte, umso mehr bekommst du zurück.

Zusätzlich ist es immer hilfreich, mal eine Weile eine Positiv-Liste zu führen. Einfach ein Worddokument anlegen und jeden Tag kurz vor Feierabend fünf Punkte aufschreiben, die am heutigen Arbeitstag positiv waren. Wer sein Hirn erst mal auf Maulimodus getrimmt hat, der muss eine Weile umprogrammieren, um wieder auf Smileymodus zu schalten. Mal zwei Monate durchhalten lohnt sich. Am besten ganz dabeibleiben. Dabei geht es übrigens nicht darum, die rosa Brille aufzusetzen. Es geht darum, erst einmal wieder die guten Dinge überhaupt zu sehen. Das trainieren wir uns, wenn wir unzufrieden sind, nämlich systematisch ab.

3. Zutat: Finde einen gemeinsamen Sinn

Warum tust du, was du tust? Und warum tut dein Unternehmen, was es tut? Wo sind die Gemeinsamkeiten? Das ist keine ganz einfache Aufgabe, denn Gehalt und Gewinnmaximierung sind zwar eine Gemeinsamkeit, reichen aber nicht aus. Wenn du beispielsweise bei der Bahn arbeitest, dann könnte ein schöner Sinn deines Tuns sein, Menschen miteinander zu verbinden. Menschen zu bewegen. Das könnte zu dir und zur Bahn passen. Oder wenn du bei einem Autobauer arbeitest, dann verbindet dich vielleicht die Liebe zur Technik mit deinem Arbeitgeber. Finde diese Verbindung und mach sie dir immer wieder klar.

In großen Unternehmen ist das gegebenenfalls nicht ganz so einfach. Am besten erst einmal auf die Werte schauen, die das Unternehmen sich selbst verpasst hat. Ja, ich weiß, das sind manchmal Werte und Visionen, da schlafen einem nicht nur die Füße ein. Aber das ist keine Entschuldigung. Erst einmal schauen, was da so steht, und ernsthaft darüber nachdenken. Wenn das nichts taugt, dann musst du halt selbst ran. Übrigens auch ein Grund, warum Personaler beim Vorstellungsgespräch immer fragen, warum man gerade in diesem Unternehmen anfangen will. In der Regel soll mit dieser Frage ansatzweise erkundet werden, ob die Werte des Bewerbers zu den Unternehmenswerten passen. Schade ist nur, dass vielen gar nicht mehr bewusst ist, warum diese Frage gestellt wird und dass eine unpassende Antwort eigentlich ein K.-o.-Kriterium für den Bewerber ist. Umgekehrt übrigens auch. Wer sich bewirbt, sollte unbedingt nach den Unternehmenswerten fragen und schauen, ob es wirklich Sinn macht, für dieses Unternehmen zu arbeiten.

4. Zutat: Gute Beziehungen brauchen Freiraum

Mach mal Pause! Und beschäftige dich mit anderen Dingen. Wer sich ausschließlich mit seiner Arbeit beschäftigt, der lernt zwar dazu, aber nichts Neues. Darüber hinaus sind Pausen während der Arbeit und ein entspannter Feierabend ein kleiner Schritt zum Glück. Wer seinen Feierabend generalstabsmäßig plant und abarbeitet, der hat Freizeitstress. Da ist schlechte Laune vorprogrammiert, denn unser Gehirn braucht von Zeit zu Zeit Leerlauf. Das bedeutet dann nicht, die Wohnung zu renovieren, die Wocheneinkäufe zu erledigen, die Toilette zu reparieren, Freunde zum Dinner einzuladen, zehn Kilometer zu laufen und noch schnell den Rasen zu mähen ... Das ist kein Leerlauf. Das ist Stress. Und dem Gehirn ist vollkommen egal, woher der Stress kommt: ob Arbeits- oder Freizeitstress. Ausbrennen tut man davon in der Regel nicht gleich, aber die Laune wird dadurch nicht besser. Die Laune hebt sich, wenn wir runterkommen. Runter vom Stresshormonlevel. Und der wird nur abgebaut, wenn wir uns tatsächlich entspannen.

Okay, für jeden sieht Entspannung anders aus. Es gibt Menschen, die arbeiten stundenlang in ihrem Garten und sind dann richtig entspannt. Das widerspricht auch nicht dem zuvor Geschilderten, denn Gartenarbeit kann unglaublich meditativ sein. Wenn sie nicht unter Zwang und ohne Zeitdruck gemacht wird. Wenn ich meinen Nachbarn das ganze Wochenende fröhlich durch seinen Garten ackern sehe, dann weiß ich, das funktioniert. Erst harkt er tonnenweise Laub zusammen und bringt es weg, dann hält er einen kleinen Schnack mit einem anderen Nachbarn, um etwas später mit meinem Mann ein Bier zu trinken. Dann wühlt er noch ein bisschen in seinem Gemüsebeet und dann wird ein kleines Lagerfeuer angemacht und der Abend genossen. Da bin ich schon beim Zuschauen entspannt.

Mein Mann schraubt den ganzen Abend an alten VW-Bullis rum. Da wird stundenlang Rost abgeschliffen, geschweißt, auseinander- und wieder zusammengebaut und noch viele Dinge mehr, von denen ich keine Ahnung habe. Egal, ob Sommer oder Winter. Zwischendurch kommen Freunde vorbei und dann wird um das Bastelobjekt rumgestanden und gefachsimpelt. Auch bei Minusgraden. Manchmal macht es mir sogar Spaß, mich dazuzugesellen und ein wenig zuzuhören, obwohl ich keine Ahnung habe, worum es geht. Die entspannte Stimmung färbt ab.

Das Geheimnis beim Abschalten ist nicht so sehr das *Was*, sondern das *Wie*. Termindruck ist beim Abschalten kontraproduktiv. Und Zwang natürlich auch. Alles Was-tun-Müssen innerhalb eines bestimmten Zeitrahmens ist unentspannt. Selbst Gott ruhte am siebten Tag. Ich kann mich nicht erinnern, dass in der Bibel irgendwo sein Terminplan für den Sonntag abgedruckt war.

5. Zutat: Humor hilft

Wer die Dinge nicht so ernst nimmt, der hat es einfach leichter. Damit meine ich natürlich nicht, dass man seinen Job nicht ernst nehmen sollte. Ich meine damit, dass es uns durchaus guttut, uns selbst nicht immer allzu ernst zu nehmen.

In meinen Coachings und Seminaren stelle ich immer wieder fest, dass sich viele Probleme in Luft auflösen, wenn darüber gelacht wird. Dann ist alles plötzlich nicht mehr so schlimm. Jeder kennt das und hat so eine Situation auch selbst schon einmal erlebt, in der sich ein Konflikt in Lachen auflöst.

Lachen ist super für unser Immunsystem und natürlich für unser aktuelles Befinden. Die begehrten Glückshormone werden ausgeschüttet und die Stimmung ist auch nach einem Lachanfall noch eine ganze Weile gelöst. Gute Laune setzt ein und wir nehmen die Dinge wieder leichter. Das Ganze funktioniert auch umgekehrt. Wenn wir uns klar machen, dass von dem einen oder anderen Problem die Welt nicht untergeht und es vielleicht sogar ganz lustig ist, wie aufgescheucht wir durch die Gegend rennen, dann wird es auch wieder leichter. Auch wenn es ein No-Brainer (ein Tipp für Blöde) ist: Sich selbst nicht immer zu ernst zu nehmen, ist in den meisten Situationen ein wunderbarer Tipp.

Im Prinzip ist es ganz einfach, das Kotzgefühl am Montag hinter sich zu lassen. Wer echtes Interesse an seinem Job hat und sich dafür interessiert, wie und warum alles in der Firma so ist, wie es ist, und wie man es besser machen könnte, der hat am Montag keine quälend lange Woche vor sich, sondern spannende Tage mit spannenden neuen Aufgaben. Und wer sich für die positiven Dinge sensibilisiert, der bekommt auch immer wieder positive Bestätigungen. Selbst wenn es mal nicht so super läuft, hilft es immer, sich selbst und die eigenen Probleme nicht allzu ernst zu nehmen.

[41] Preisfrage – Warum stehst du jeden Morgen auf? Deine individuelle Antwort ist die Lösung

Alle wissen was sie wollen, brauchen alle meinen Rat.
Ich erzähle ihnen immer, das, was ich jetzt zu dir sag:
Du musst nur tiefer in dir graben, sieh nach was da ist.
Du musst nur tiefer in dir graben, dann weißt du, wer du bist.
Wenn du klar kommst mit dir selbst und die Angst besiegst, dann scheint
die Sonne für dich.

Walt Disney, Song aus dem Zeichentrickfilm Küss den Frosch

Wer diese Frage nicht wirklich beantworten kann, der doktert, auch mit diesem Buch, nur an seinen Symptomen herum, aber geht der Ursache seiner Montagsübelkeit nicht wirklich auf den Grund. Also noch einmal: Warum arbeitest du eigentlich? Geld kann eine Antwort sein, aber nur eine sehr oberflächliche. Dann fragen wir doch einmal weiter.

Nehmen wir einmal an, »Geld« sei die Antwort, dann würde bei einem meiner Coachings die nächste Frage lauten: »Brauchst du denn Geld? Und wenn ja, wozu?« Natürlich würde ich dann immer weiter fragen, bis zu dem Punkt, an dem der ursprüngliche Grund zum Vorschein kommt. Geld ist immer nur die Oberfläche, aber nie das tatsächliche »Warum«.

Wenn man weiß, wie es geht, dann ist es eigentlich ganz einfach, dem »Warum« auf den Grund zu gehen. Als Kinder wussten wir noch ganz genau, wie das geht, und haben unsere Eltern damit in den Wahnsinn getrieben. Eben genau mit der Frage »Warum?«. Wir haben nicht locker gelassen, bis wir der Sache wirklich auf den Grund gehen konnten. Wir wollten zum Ursprung der Dinge vordringen. Eine oberflächliche Antwort war uns nicht genug. Und vor allem wollten wir Antworten auf Fragen, die wirklich wichtig sind. Warum ist Wasser nass? Warum ist der Himmel blau? Warum können Vögel fliegen und Menschen nicht? Sehr anstrengend für Erwachsene! Sind es doch Fragen, auf die wir nicht immer aus der Hüfte heraus antworten können. Und was machen wir dann? Wir wimmeln ab! Ein Muster, das wir bei den schwierigen Fragen unseres eigenen Lebens auch gerne anwenden. Wir geben uns mit halb Garem zufrieden. Mit einer Antwort wie »Geld« zum Beispiel. Oder »für einen guten Lebensstandard«. Wie haben verlernt den Dingen wirklich auf den Grund zu gehen und die Warum-Frage bis zur wirklich letzten Antwort durchzuziehen.

Das Erstaunliche ist: Wenn wir es einmal bis zum Ende durchziehen, dann landen wir in der Regel wieder am Anfang: Zugehörigkeit und Anerkennung. Auch wenn es noch so schöne schillernde Antworten gibt wie: Ich möchte sehen, wie noch mehr Menschen ihr eigenes Potenzial entdecken und entfalten, denn es gibt nichts Schöneres. Das ist in der Regel die »Show-Antwort« …

Hier meine Antwort für meinen Job und mein Leben: Natürlich suche ich Anerkennung mit dem, was ich tue. Dass ich dabei Menschen helfe, ihr eigenes Potenzial zu heben, ist mein Spaßfaktor. Das erfüllt mich. Außerdem kann ich es einfach richtig gut. Ich kann gut reden, ich kann einigermaßen schreiben und ich kann gut andere Menschen analysieren. Passt alles wie Arsch auf Eimer zusammen. Das ist der Trick.

Wenn du für dich einen Schritt weiterkommen möchtest, dann beantworte die folgenden Fragen:

1. *Gehe der Sache auf den Grund, warum du dich jeden Morgen aus dem Bett hievst, wenn der Wecker klingelt. Und gib dich nicht mit der offensichtlichen Antwort »Geld« zufrieden.*
2. *Finde heraus, was du so richtig gut kannst, und frage dich: Bringe ich genau diese Fähigkeiten in meinem Job ein?*
3. *Was ist dein Spaßfaktor? Welches Endergebnis würde dir so richtig Spaß machen?*

Eine weitere Beobachtung ist in diesem Zusammenhang vielleicht noch für den einen oder anderen Leser wertvoll: Ich stelle diese drei Fragen auch regelmäßig Coachingklienten. Man könnte nun vermuten, dass viele zu dem Ergebnis kommen, dass sie im falschen Job sitzen und mit den falschen Menschen die falsche Arbeit erledigen. Schließlich kommen Coaching-Klienten zu mir, weil sie mit ihrer Arbeitssituation unzufrieden sind. Doch die meisten stellen etwas anderes für sich fest: Sie haben schon den Job, der sie erfüllt. Es ist ihnen nur noch nicht aufgefallen. Oder sie haben es zwischenzeitlich vergessen und mussten nur noch einmal daran erinnert werden.

Vielleicht es auch so bei dir?

Nachwort – Heiter weiter

Wir haben zuviel Luxusprobleme
Was glücklich macht weiß jedes Kind
Wertvollster Schatz ist uns're Seele
Sie war der Grund weshalb wir aufgebrochen sind
Überzeugt davon dass das Gute stets gewinnt
Die Enttäuschung kommt und wir vergessen wer wir sind

Gregor Meyle, deutscher Singer/Songwriter, aus *Die Leichtigkeit des Seins*

In einem Dorf in China, nicht ganz klein, aber auch nicht groß, lebte ein Bauer – nicht arm, aber auch nicht reich, nicht sehr alt, aber auch nicht mehr jung, der hatte ein Pferd. Und weil er der einzige Bauer im Dorf war, der ein Pferd hatte, sagten die Leute im Dorf: »Oh, so ein schönes Pferd, hat der ein Glück!« Und der Bauer lächelte und antwortete: »Keiner weiß, was gut und richtig ist!«

Eines Tages, eines ganz normalen Tages, keiner weiß, weshalb, brach das Pferd des Bauern aus seiner Koppel aus und lief weg. Der Bauer sah es noch davongaloppieren, aber er konnte es nicht mehr einfangen. Am Abend standen die Leute des Dorfes am Zaun der leeren Koppel, manche grinsten ein wenig schadenfroh und sagten: »Oh, der arme Bauer. Jetzt ist sein einziges Pferd weggelaufen. Jetzt hat er kein Pferd mehr, der Arme!«

Der Bauer hörte das wohl und murmelte nur: »Keiner weiß, was gut und richtig ist!«

Ein paar Tage später sahen die Menschen morgens auf der Koppel das schöne Pferd des Bauern, wie es mit einer wilden Stute im Spiel hin- und herjagte: Sie war ihm aus den Bergen gefolgt. Groß war der Neid der Nachbarn, die sagten: »Oh, was hat der doch für ein Glück, der Bauer!« Aber der Bauer sagte nur: »Keiner weiß, was gut und richtig ist!«

Eines schönen Tages im Sommer dann stieg der einzige Sohn des Bauern auf das neue Pferd, um es zu reiten. Schnell war er nicht mehr alleine, das halbe Dorf schaute zu, wie er stolz auf dem schönen Pferd ritt. »Aah, wie hat der es gut!« Aber plötzlich schreckte das Pferd, bäumte sich auf und der Sohn, der einzige Sohn des Bauern fiel hinunter und brach sich das Bein, in viele kleine Stücke, bis zur Hüfte. Und die Nachbarn schrien auf und sagten: »Oh, der arme Bauer: Sein einziger Sohn! Ob er jemals wieder wird richtig gehen können? Wer soll ihm jetzt bei der schweren Arbeit auf dem Feld helfen? So ein Pech!« Der Bauer war sehr erschrocken, aber er sagte nur: »Keiner weiß, was gut und richtig ist!«

Einige Zeit später schreckte das ganze Dorf aus dem Schlaf, als gegen Morgen ein wildes Getrappel durch die Straßen lief. Die Soldaten des Herrschers kamen in das Dorf geritten und holten alle Jungen und Männer aus dem Bett, um sie mitzunehmen in den Krieg. Der Sohn des Bauern konnte nicht mitgehen. Sein Bein war noch nicht ausgeheilt und es würde noch ein paar Monate dauern. Und so mancher Dorfbewohner saß daheim und sagte: »Was hat der für ein Glück!« Aber der Bauer murmelte nur: »Keiner weiß, was gut und richtig ist!«

Und die Moral von der Geschicht?
Keiner weiß, was gut und richtig ist!«

Die Geschichte ist sicher nicht ganz neu, aber sie ähnelt dem Charakter dieses Buches. Es ging mir nicht so sehr darum, bahnbrechende neue Dinge zu erzählen. Es ging mir vielmehr darum, dich an das zu erinnern, was du vielleicht selbst schon wusstest. Nur deinen Weg musst du noch selbst finden. Das kann kein Buch und das kann kein Guru, kein Experte dieser Welt dir abnehmen. Und niemand weiß, was für dich der richtige Weg ist.

Meckern und motzen ist gar nicht so falsch oder nur falsch. Und es ist auch nicht verkehrt, montags rumzujammern. Du kannst auch gerne jeden Montag in Gedanken über deine Arbeit richtig kotzen. Wenn es dir als Ventil hilft, nur zu. Ist doch wunderbar. Aber wenn du jeden Montag und jeden Dienstag und jeden Mittwoch und jeden Donnerstag dieses Ventil brauchst und freitags mit Blick auf das Wochenende auch noch, dann hast du ein Problem!

Schau vor allem ganz genau hin, was das Problem ist. Frage genau und aus verschiedenen Perspektiven nach dem Warum. Ist das Ventil vielleicht das Problem? Das kannst du nur selbst rausfinden. Und, was fast noch wichtiger ist, überprüfe deine Erwartungen: Frust und nervige Zeiten gehören zum Arbeitsleben dazu.

Lass dir nicht von Gurus und Arbeitsoptimierern einreden, dass du nur eine Arbeit finden musst, die du liebst, und du dann keinen Tag mehr arbeiten musst. Das ist Quatsch. Selbst zum tollsten Hobby haben wir mal keine Lust oder die Vereinskollegen sind gerade mal doof! Ich habe auch nicht jeden Tag Lust, mich um mein Pferd oder meine Hunde zu kümmern. Und auch, wenn ich mich zwinge, kommt nicht immer der Spaß beim Tun auf. Okay, meistens schon, aber manchmal eben auch nicht. Es gibt eben Tage, die sind einfach doof.

Den Fehler bei sich und der eigenen Einstellung zu suchen, kann helfen. Aber eben auch nicht immer. Denn manchmal liegt kein Fehler bei einem selbst vor. Manchmal ist es einfach so. Wir brauchen auch mal nicht so schöne Zeiten, um die guten von den schlechten unterscheiden zu können. Unsere Psyche ist nicht für ewige Glückseligkeit gemacht. Wer das versteht und für sich akzeptiert, der gewinnt ein großes Stück Gelassenheit. Und Gelassenheit ist nicht soooo weit weg von Zufriedenheit.

Ich habe für mich entschieden, dass mein Ziel nicht ein ewiges Glück oder genauer Glücksgefühl ist. Das wäre mir zu langweilig. Außerdem glaube ich, dass Gefühle, so wie Dr. Christian Dogs es ausdrückt, tatsächlich keine Krankheit sind. Es ist okay, wütend, traurig, genervt und auch mal missgünstig zu sein. Mein Ziel ist heitere Gelassenheit. Nicht alles und vor allem mich selbstnicht zu ernst zu nehmen, scheint mir ein erstrebenswertes Ziel.

Und wenn ich es ganz genau bedenke, dann ist das, was ich dabei im Job tue, im Grunde genommen ziemlich egal. Heitere Gelassenheit kann ich überall aufbringen, ob als Autor und Trainer, als Zimmermann, als Verkäufer oder Verwaltungsbeamter ... Es geht nicht ums Außen. Es geht ums Innen. Und wie es da in jedem Einzelnen aussieht und was jeder Einzelne braucht, kann nur jeder für sich entscheiden.

In diesem Sinne: Fröhliches Entscheiden und heiter weiter :)

Literaturverzeichnis

Albert Bandura (1977): Self-Efficacy. Toward a Unifying Theory of Behavioral Change. In: Psychological Review 1977, Vol. 84, No. 2, 191-215.

Arbogast, Rose-Marie: Hofmann, Daniela; Whittle, Alasdair et al. (2011): Community differentiation and kinship among Europe's first farmers. http://www.pnas.org/content/109/24/9326, abgerufen am 12. April 2018.

Bauer, Joachim (2013): Arbeit. Warum unser Glück von ihr abhängt und warum sie uns krank macht. 1. Auflage, Blessing, München, Seite 138.

Bentley, R. Alexander; Bickle, Penny; Fibiger, Linda; Nowell, Geoff M.; Dale, Christopher W.; Hedges, Robert E. M.; Hamilton, Julie; Wahl, Joachim; Francken, Michael; Grupe, Gisela; Lenneis, Eva; Teschler-Nicola, Maria; Arbogast, Rose-Marie; Hofmann, Daniela; Whittle, Alasdair (2011): Community differentiation and kinship among Europe's first farmers. Gemeinschaftsstudie. In: PNAS Magazin, 2012 Jun 12; 109(24): 9326–9330. Published online 2012 May 29. http://www.pnas.org/content/109/24/9326, abgerufen am 17. April 2018.

Bosancic, Sasa; Bühler, Stefanie (2007): Probeseminar. Individualisierung und Exklusiv im Wohlfahrtsstaat – Psychosoziale Folgen von Arbeitslosigkeit. Universität Augsburg.

Chabris, Christopher; Simons, Daniel (2011): Der unsichtbare Gorilla. Wie unser Gehirn sich täuschen lässt. Piper, München.

Chen, Frances S.; Kumsta, Robert; Dawans, Bernadette von; Monakhov, Mikhail; Ebstein, Richard P.; Heinrichs, Markus (2011): Common oxytocin receptor gene (OXTR) polymorphism and social support interact to reduce stress in humans. Gemeinschaftsstudie. http://www.psychologie.uni-freiburg.de/abteilungen/psychobio/team/publikationen/PNAS-OXTRandSocialBuffering11/view, abgerufen am 12. April 2018.

Bundesleitung des dbb beamtenbund und tarifunion (Hrsg.) (2017): Das Ansehen einzelner Berufsgruppen. dbb Bürgerbefragung. Redaktion: Dr. Frank Zitka, Analyse: forsaGesellschaftfürSozialforschungundstatistischeAnalysenmbH, Seite 6–8.

Dogs, Dr. med. Christian Peter; Poelchau, Nina (2017): Gefühle sind keine Krankheit. Warum wir sie brauchen und wie sie uns zufrieden machen. 6. Auflage, Ullstein, Berlin.

Eisenberger, Naomi I.; Lieberman, Matthew D.; Kipling, Williams D. (2003): Does rejection hurt? An fMRI study of social exclusion. Gemeinschaftsstudie. In: Science Magazin, Seite 290–292. http://science.sciencemag.org/content/302/5643/290.full, abgerufen am 12. April 2018.

Eklofer, Volker; Demmelhuber, Simon (2014): Europäische Kostbarkeiten, Teil 1. Die Höhle von Lascaux – Morgendämmerung der Kunst. Ein Film von Franz Baumer, ARD-alpha.

Enard, W.; Hellmann, I.; Pääbo, S. et al. (2005): Initial sequence of the chimpanzee genome and comparison with the human genome. Nature, September 2005.

Hagemann, Tim (2011): Nicht jeder Mensch ist für Arbeit geboren. In einem Interview von Tina Groll. http://www.zeit.de/karriere/beruf/2011-06/interview-sinnsuche-karriere, abgerufen am 12. April 2018.

Hiroto, D.S. (1974): Locus of control and learned helplessness. In: Journal of Experimental Psychology, 102, p. 187–193.

Holm-Hadulla, Rainer (2007): Kreativität. Konzept und Lebensstil. Vandenhoeck & Ruprecht, Göttingen.

Hüther, Prof. Dr. Gerald (2012): Biologie der Angst - Wie aus Stress Gefühle werden, Vandenhoek Verlag, Göttingen.

Käßmann, Margot (2017): Arbeit aus Berufung. Themenheft zum Reformationsjubiläum 2017. Impulse der Reformation für Wirtschaft, Arbeitswelt und Kirche. Evangelischer Verband Kirche, Wirtschaft, Arbeitswelt, Hannover.

Keupp, Heiner (2000): Identität. Lexikon der Psychologie. Spektrum Akademischer Verlag, Heidelberg.

Khaitovich, P.; Hellmann, I.; Enard, W.; Nowick, K.; Leinweber, M.; Franz, H.; Weiss, G.; Lachmann, M.; Pääbo, S. (2005): Parallel patterns of evolution in the genomes and transcriptomes of humans and chimpanzees. Science, 2. September 2005.

Khaitovich, P., Pääbo, S. et al. (2005): A genome-wide comparison of recent chimpanzee and human segmental duplications. Nature, September 2005.

Kitz, Volker (2017): Feierabend! Warum man für seinen Job nicht brennen muss. 1. Auflage; Fischer, Frankfurt am Main, Seite 8.

Kormann, Georg (2007): Resilienz. Was Kinder stärkt und in ihrer Entwicklung unterstützt. In: Plieninger M.; Schumacher, E. (Hrsg.): Auf den Anfang kommt es an. Bildung und Erziehung im Kindergarten und im Übergang zur Grundschule. Gmünder Hochschulreihe Nr. 27, Seite 37–56.

Magrabi, Andreas (2015): Libet-Experimente. Die Wiederentdeckung des Willens. https://www.spektrum.de/news/die-wiederentdeckung-des-willens/1341194, abgerufen am 12. April 2018.

Meschkutat, B.; Stackelbeck, M.; Langenhoff, G. (2002): Der Mobbing-Report. Eine Repräsentativstudie für die Bundesrepublik Deutschland. Schriftenreihe der Bundesanstalt für Arbeitsschutz und Arbeitsmedizin. 1. Auflage. Wirtschaftsverlag NW Verlag für neue Wissenschaft GmbH, Bremerhaven.

Ophir, Eyal; Nass, Clifford; Wagner, Anthony D. (2009): Cognitive control in media multitaskers. http://www.pnas.org/content/106/37/15583, abgerufen am 12. April 2018.

Rosa, Hartmut (2016): Resonanz. Eine Soziologie der Weltbeziehung. 4. Auflage, Suhrkamp, Berlin.

Schmidt, Matthias (2015) Jeder dritte Arbeitnehmer hält seinen Job für sinnlos. Studie. https://yougov.de/news/2015/08/26/jeder-dritte-arbeitnehmer-halt-seinen-job-fur-sinn, abgerufen am 12. April 2018.

Seligmann, Martin E. (1979): Erlernte Hilflosigkeit. Beltz, Weinheim.

Thorn C. A.; Atallah, H.; Howe, M.; Graybiel, A. M. (2010): Differential dynamics of activity changes in dorsolateral and dorsomedial striatal loops during learning. https://www.ncbi.nlm.nih.gov/pubmed/20547134, abgerufen am 12. April 2018.

Tomasello, Michael (2014): Das haben wir alles gelernt. Interview von Elisabeth von Thaden. http://www.zeit.de/2014/40/michael-tomasello-anthropologie-psychologie-affe-mensch, abgerufen am 12. April 2018.

Townsend, John M.; Levy, Gary D. (1990): Effects of potential partners' costume and physical attractiveness on sexuality and partner selection. Gemeinschaftsstudie. In: The Journal of psychology, Volume 124, 1990, Issue 4, pages 371–389.

Wolf, Christian (2013): Im Kopf des Künstlers. https://www.dasgehirn.info/wahrnehmen/schoenheit/im-kopf-des-kuenstlers, abgerufen am 12. April 2018.

Zink, Caroline F.; Tong, Yunxia; Chen, Qiang; Bassett, Danielle S.; Stein, Jason L.; Meyer-Lindenberg, Andreas (2008): Know your place. Neural processing of social hierarchy in humans. Gemeinschaftsstudie. https://www.ncbi.nlm.nih.gov/pubmed/18439411, abgerufen am 12. April 2018.

Klug zweifeln

Heinz Jiranek
Klug zweifeln
Weil der zweite Gedanke oft der bessere ist.
Erkennen was dahintersteckt

342 Seiten; 2017; 24,95 Euro
ISBN 978-3-86980-390-6; Art-Nr.: 1025

Es klingt gut, durchdacht, schlüssig. Und doch führen nicht wenige Entscheidungen privat, wirtschaftlich oder politisch in Katastrophen. Denn die vermeintlich guten Lösungen von heute schaffen die Probleme von morgen.

Wir haben es einfach nicht im Griff. Aber das hindert uns nicht an ungebrochenem und arrogantem Interventionismus. Wir greifen allerorts ein und erfinden Modelle: Lebensmodelle, Wirtschaftsmodelle, Führungsmodelle, Rezepte jeder Art. Doch wo führt das alles hin? Warum sind wir so anfällig für die einfachen Lösungen? Hat unser Scheitern System?

Heinz Jiraneks neues Buch liefert Antworten auf diese Fragen. Es lädt Sie zu einer spannenden Reise durch eine kritische Weltbetrachtung ein, vermittelt in packender Weise die praktischen Folgen der Systemtheorie und rüttelt an unserem Glauben, alles in der Hand zu haben.

Doch was können wir tun? Die Lösung ist ganz einfach und schwierig zugleich: Keinen simplifizierenden Kausalannahmen auf den Leim gehen. Begreifen, was alles nicht geht. Vorhandenes Wissen nutzen. Denken. Selbst denken.

Wenn du Gott zum Lachen bringen willst, dann erzähl' ihm von deinen Plänen.

Happiness Alchemie

Larissa Wasserthal
Happiness Alchemie
Wie du dem Leben eine neue Richtung gibst

200 Seiten; 2018; 14,95 Euro
ISBN 978-3-86980-423-1; Art-Nr.: 1050

Verzweifelt sind wir auf der Suche nach Glück. Wir vermuten es in der Ferne – dort, wo wir gerade nicht sind. Doch was ist eigentlich Glück? Wo finden wir es wirklich? Antworten liefert diese fast wahre Heldenreise eines vierzigjährigen Managers aus Frankfurt. Eigentlich hat er alles – nur kein Glück: Die Karriere stockt, es steht nicht gut um die Familie, ...

Erschöpft, voller Selbstzweifel und mit einer gehörigen Portion Skepsis vertraut er sich einem Coach an. Doch wie kann der ihm helfen? Zusammen begeben sie sich auf die Suche nach seinem Glück: in Gesprächen, in der Stadt, in der Natur ...

All diese Sitzungen helfen ihm bei der Suche nach einer Lösung. Er findet Antworten. Er entdeckt seine wahren Talente. Er startet beruflich neu durch. Und endlich hat er auch privat wieder eine Perspektive.

Alle reden über Glück – dieses Buch zeigt, wie Glück geht.

Die 157 wichtigsten Arbeitgeber-fragen im Vorstellungsgespräch

Ute Blindert
Die 157 wichtigsten Arbeitgeberfragen im Vorstellungsgespräch
Was Unternehmen wissen wollen, wo Stolpersteine lauern, wie Bewerber punkten

220 Seiten; 2018; 9,95 Euro
ISBN 978-3-86980-384-5; Art-Nr.: 1031

Ganz gleich ob es um Berufseinstieg, Umstieg oder Karriereaufstieg geht – das gelungene Vorstellungsgespräch ist eine anspruchsvolle Hürde, die es zu nehmen gilt. Denn es gibt keine zweite Chance für den ersten Eindruck. Und wer den Arbeitgeber von sich überzeugen will, muss dessen Fragen sicher und gewinnend beantworten.

Die Expertin für Karrierefragen Ute Blindert weiß, worauf es ankommt. Sie verrät, welche üblichen und unerwarteten Fragen Arbeitgeber immer wieder stellen, welche Absicht sie verfolgen und wie man die beste Antwortstrategie entwickelt.

Die ideale Vorbereitung für ein sicheres und souveränes Vorstellungsgespräch.

Die Presse über das Buch:
Lehrreich, anleitend, sinnvoll. [...] Um Bewerbungsgespräche perfekt vorzubereiten, nehmen Sie also dieses Buch [...] und stellen sich in Gedanken detailliert vor, wie Sie antworten. Im realen Gespräch wird es dann weniger Überraschungen geben, und Sie sind so schlagfertig wie nie zuvor. [...] Sparen Sie nicht an der falschen Stelle. Gut vorbereitet in ein Gespräch zu gehen heißt, alle Antworten wenigstens in Gedanken schon einmal gegeben zu haben. Berliner Morgenpost, 52. Woche 2017

Voll Sinn

Stefan Dudas
Voll Sinn
Nur was Sinn macht, kann uns erfüllen
264 Seiten; 2017; 24,95 Euro
ISBN 978-3-86980-394-4; Art-Nr.: 1033

Wenn man immer das tut, was scheinbar erwartet wird, stellen sich früher oder später die entscheidenden Fragen: Was mache ich eigentlich? Macht das Sinn? Ist das, was ich mache, wirklich Erfüllung?

Die Suche nach dem Sinn ist dringlicher denn je. Die Arbeitswelt verändert sich in atemberaubendem Tempo. »Sinn« wird zur Voraussetzung für Motivation. Das beginnen sogar die Unternehmen zu erkennen. Auf der einen Seite stehen wir als Mensch. Auf der anderen Seite buhlen Unternehmen, Kollegen, Freunde um unsere Aufmerksamkeit, unsere Zeit, unsere Energie. Wer all dem gleichermaßen gerecht werden will, wird früher oder später auf der Strecke bleiben.

Was liegt also näher als die Frage nach dem Sinn im Leben, dem Sinn im Business? Das sind keine romantischen Fragen für Träumer. «Sinn» ist das Ziel im Leben. Sich darauf einzulassen, ist die Herausforderung.

Stefan Dudas spricht in seinem neuen Buch Klartext. Humorvoll, aber immer tiefgründig zeigt er, wie jeder von uns mehr Sinn in sein Leben bringen kann. Nicht nur im Privatleben, sondern auch bei der Arbeit. Wenn Montag bis Freitag nur als Plackerei und eine eigentliche Lebenszeit-Verschwendung wahrgenommen wird, wird es höchste Zeit, etwas zu verändern. Schließlich geht es um nichts weniger als um Ihr Leben. Das macht VOLL SINN. Oder?